Johannes Oberhofer

Aufladen statt ausbrennen

Power-Strategien für energiegeladene Teams und zukunftsfähige
Unternehmen

1. Auflage

Haufe Group
Freiburg · München · Stuttgart

Bibliografische Information der Deutschen Nationalbibliothek

Die Deutsche Nationalbibliothek verzeichnet diese Publikation in der Deutschen Nationalbibliografie; detaillierte bibliografische Daten sind im Internet über http://dnb.dnb.de/ abrufbar.

Print:	ISBN 978-3-648-18105-8	Bestell-Nr. 12091-0001
ePub:	ISBN 978-3-648-18106-5	Bestell-Nr. 12091-0100
ePDF:	ISBN 978-3-648-18107-2	Bestell-Nr. 12091-0150

Johannes Oberhofer
Aufladen statt ausbrennen
1. Auflage, September 2024

© 2024 Haufe-Lexware GmbH & Co. KG
Munzinger Str. 9, 79111 Freiburg
www.haufe.de | info@haufe.de

Bildnachweis (Cover): © suwadee sangsriruang, iStock

Produktmanagement: Mirjam Gabler
Lektorat: Maria Ronniger, Text+Design: Jutta Cram

Inhaltsverzeichnis

Anstelle eines Vorworts

Das folgende Interview wurde im Vorfeld des 24butterfly Corporate Karisma Festival im Mai 2024 mit Michael Leithinger geführt.

ML: Wie wirkt sich die Digitalisierung auf uns Menschen aus?

JO: Sie ist zum einen ein Segen, zum anderen verbringen wir dank ihr noch mehr Zeit vor unseren Bildschirmen – mit allen Folgen für unseren Bewegungsapparat und unsere mentale Gesundheit. Lange Jahre war ich als Unternehmer und Coach in der Gesundheitsprävention tätig – jetzt setze ich im Bereich Energiemanagement und mit dem Konzept Human.Recharge.Management. noch einen Schritt früher an, in der »proaktiven Prävention« sozusagen. Ich analysiere, was es braucht, damit Mitarbeitende mit ihren Energielevels besser und nachhaltiger umgehen können, und entwickle Strategien, die dabei helfen, in einer immer schneller werdenden Welt aufzuladen, anstatt auszubrennen.

ML: Wo setzt du hier an?

JO: Es geht darum, darauf zu achten, dass Mitarbeitende einen vollen Akku haben. Da ist die Unternehmenskultur ein großer Hebel: Was braucht es, damit die Menschen aufladen und Energie in ihrer Arbeit sparen oder sogar freisetzen? Es geht dabei nicht nur um den Ausgleich zur Arbeit, etwa durch Sport nach Feierabend, sondern vielmehr um die energiegebende Gestaltung der Arbeitsprozesse.

Johannes Oberhofer hat es sich zur Aufgabe gemacht, Menschen und Unternehmen dabei zu unterstützen, Strategien für eine energiegebende Arbeitsweise im digitalen Zeitalter zu entwickeln.

ML: Kannst du das genauer erklären?

JO: In meiner Arbeit als Coach in den letzten Jahren habe ich mit sehr vielen Menschen gearbeitet – Mitarbeitenden, Führungskräften und Verantwortlichen aus dem Management –, die sich von der Arbeit mental erschöpft fühlten und daher nach einem sportlichen Ausgleich gesucht haben. Da meine Arbeit für mich persönlich einen absoluten Energiegeber darstellt, habe ich in meinen jungen Jahren der Selbstständigkeit nicht verstanden, warum Menschen einen *Ausgleich zur Arbeit* brauchen. In meiner Welt machen Menschen Sport oder gehen ins Training, weil sie möchten oder ein sportliches Ziel verfolgen – nicht aber, weil sie aufgrund von energieziehenden Arbeitsprozessen müssen.

ML: Kannst du ein paar konkrete Beispiele anführen?

JO: Ich denke da nicht nur an Entspannungsübungen. Mit dem Konzept Human.Recharge.Management. setze ich hier viel breiter an – etwa mit Energy-Assessments und Coachings und Strategieentwicklungen. Wie gestaltet der oder die Einzelne den Arbeitstag? Wie strukturiert er oder sie die Aufgaben? Wann im Tagesverlauf sind die individuellen Energy-Highs und -Lows? Wie kann Technologie genutzt werden, um Energie zu sparen oder sogar freizusetzen?

ML: Wie kommt man von den individuellen Erkenntnissen zu einer energiegeladenen Arbeitskultur für ein ganzes Unternehmen?

JO: Hier nutze ich in meinen Interventionen als Assessment-Tool den Energy-Check, um zu analysieren, wie förderlich das Arbeitsumfeld für die mentale Leistungsfähigkeit und die Zufriedenheit im Team ist. Ein Beispiel: Wenn das wöchentliche Teammeeting zu einem Zeitpunkt stattfindet, zu dem viele Teilnehmende in einem Energietief sind, dann darf ich mich nicht wundern, wenn die meisten im Meeting eher passiv sind. Mit solchen Ansätzen lassen sich Schritt für Schritt die Prozesse optimieren und so gestalten, dass es für möglichst viele im Team besser läuft. Ein weiterer wichtiger Punkt ist, die Pausen bewusst so zu gestalten, dass sie Energie geben und dem Aufladen dienen.

ML: Wie funktioniert das?

JO: Allein der Begriff *Pausen* ist in unserer Arbeitswelt oft negativ behaftet – als unproduktive Zeit, in der wir nichts tun. Wenn wir aber beginnen, diese als wertvolle Zeit zu sehen, um die Batterien aufzuladen – als Teil der Performance also –, bekommt das einen ganz anderen Stellenwert und hat immense Auswirkungen auf die Menschen und die Performance des ganzen Unternehmens. Hier gilt es auch, genau hinzuschauen, was einem wirklich Energie gibt. Ist es ein Gespräch mit Kollegen und Kolleginnen, ein wenig Me-Time bei einer Tasse gutem Kaffee oder Tee, Bewegung an der frischen Luft oder Sport? Auch das ist sehr individuell. Und natürlich ist das, wie gesagt, immer eine Frage der gesamten Unternehmenskultur.

ML: Inwiefern?

JO: Das Streben nach noch mehr Performance, eng getakteten Terminkalendern, noch mehr Meetings, das geht – ohne Strategien, die den eigenen Akkustand und den im Team im Blick haben – auf Dauer nicht gut. Im Sport sind auch immer diejenigen am erfolgreichsten, die die optimale Kombination aus Belastung und Erholung beherrschen. Und das lässt sich auf unsere Arbeitswelt übertragen:

Work + Rest = Success

Herzlich willkommen!

Hallo und herzlich willkommen in meinem Buch »Aufladen statt ausbrennen«. Ich bin Johannes Oberhofer, Vater zweier wundervoller Kinder und Ehemann einer großartigen Frau, ohne die ich nicht *der Hannes* wäre, der ich heute bin. Die Menschen, mit denen ich zusammenarbeiten darf, beschreiben mich nicht nur als Innovator und Experte für Energiemanagement, sondern auch als einen Pionier darin, energiegebende Strategien für das Arbeitsleben im digitalen Zeitalter zu schaffen.

Meine starke Affinität zum Sport bewegte mich im Jahr 2006 zu einem Studium an der Deutschen Hochschule für Prävention und Gesundheitsmanagement. Das Studium zum Bachelor in Fitnessökonomie legte den Grundstein für meine erste Unternehmensgründung im Januar 2010 – die VITAGO Gesundheitsberatung. Pragmatisch, wie ich bin, habe ich damals meinen Businessplan als Bachelorarbeit verpackt, mir doppelte Arbeit erspart und war von einem Tag auf den anderen vom Auszubildenden zum Ausbilder mit eigenem Studio und Mitarbeitenden geworden.

Zusammen mit einem großartigen Team aus unterschiedlichen Coaches – und ab 2013 mit meinem Geschäftspartner – haben wir daran gearbeitet, ganzheitliche Konzepte aus Bewegung, Ernährung, Erholung und Mindset zu entwickeln, um Menschen dabei zu helfen, mit mehr Energie besser zu leben.

Von Januar 2010 bis Dezember 2022 hatte ich hier als Gründer und CEO die Möglichkeit, mit diversen Menschen aus unterschiedlichen Unternehmen, Branchen und Berufen zu arbeiten. In vielen meiner Coachings ging es darum, auf privater Ebene Strategien zu entwickeln, um Arbeit und Leben besser miteinander zu vereinen.

Parallel zu den Coachings durfte ich in dieser Zeit aber auch viele Unternehmen im Bereich der betrieblichen Gesundheitsförderung und Entwicklung innovativer Strategien für gesundes Arbeiten begleiten. Diese reichten von ergonomischen Bewegungskonzepten in der Produktion bis hin zum mentalen Energiemanagement für Auszubildende.

Mit den Erkenntnissen aus dieser Zeit habe ich mich Mitte 2022 dazu entschieden, meinen Fokus noch aktiver auf die Entwicklung von Mitarbeitenden, Führungskräften und Unternehmen zu richten, und habe VITAGO an meinen Geschäftspartner übergeben.

Kurz darauf – im Frühling 2023 – habe ich digital.fwd (heute decode.forward) mitgegründet. Als spezialisierte Beratung mit dem Fokus auf Digitalisierung und deren Auswirkungen auf Mitarbeitende, Leadership, Technologie und Unternehmen begleiten wir – zusammen mit einem Netzwerk aus erfahrenen Expertinnen und Experten –

Teams und Unternehmen bei Transformations- und Change-Projekten, um mit voller Power durch das digitale Zeitalter navigieren zu können.

Der Kern meiner Aktivitäten liegt dabei auf der Verbindung von New Work, nachhaltigem Energiemanagement und dem Zusammenspiel zwischen Mensch und Technologie, was ich im Konzept Human.Recharge.Management. zusammenführe. Gesunde Mitarbeitende bilden die Basis für energiegeladene Teams und sorgen für attraktive und zukunftsfähige Unternehmen.

In mittlerweile mehr als 15 Jahren Coaching und Beratung hatte ich das Glück, mit sehr vielen unterschiedlichen Menschen und Teams arbeiten zu dürfen – Führungskräften und Mitarbeitenden, Auszubildenden und Studierenden, Vätern und Müttern, Jüngeren und Älteren. Mich hat in meiner Arbeit immer interessiert, wie der menschliche Körper funktioniert. Wie er auf unterschiedliche Reize reagiert und welchen Einfluss Digitalisierung und das Arbeitsumfeld auf die Energie und Leistungsfähigkeit haben.

Als Vater, Ehemann und Unternehmer verstehe ich es, die Herausforderungen des Berufslebens mit den Anforderungen des Alltags zu vereinen und Technologie unterstützend zu intergieren. Das Wissen und meine Erfahrungen aus der angewandten Trainingswissenschaft und meine Expertise im Energiemanagement führe ich in diesem Buch mit den wissenschaftlichen Erkenntnissen der Arbeitspsychologie zusammen und bringe diese in einen praktischen Bezug zur Arbeitsrealität.

Mit dem *Microsoft MVP Alexander Eggers* konnte ich einen anerkannten Experten als Beiträger für dieses Buchprojekt gewinnen. Seit 2020 ist Alex wiederholt als Microsoft MVP (Most Valuable Professional) für Office Apps und Services ausgezeichnet worden. Rund 45 Personen in Deutschland erhalten in dieser Kategorie diesen Titel, der für außerordentliches technisches Verständnis in Modern Work und umfangreiche Community-Arbeit steht. Zusammen haben wir bereits in Projekten wie »5 Tipps für mehr Energie im Job« und an einem eigenen E-Learning-Kurs gearbeitet.

In einer Ära der technosozialen Revolution, in der die Grenzen zwischen Arbeit und Freizeit, Mensch und Technologie verschwimmen und die Anforderungen an Mitarbeitende und Unternehmen mit exponentiellem Tempo steigen, wird es für Mitarbeitende, Führungskräfte und Unternehmen entscheidend sein, eine nachhaltige und zukunftsfähige Zusammenarbeit von Menschen und Technologie sicherzustellen. Inmitten dieser Veränderungen steigen Burnout-Raten alarmierend an, während unsere mentale Gesundheit, die Energie im Team und die Bindung von Mitarbeitenden darunter leiden.

Aufladen statt ausbrennen bietet Mitarbeitenden, Führungskräften und Unternehmen einen Leitfaden, der aufzeigt, wie eine nachhaltige Zusammenarbeit zwischen Mensch und Technologie in Unternehmen möglich wird, und unterstreicht, wie essenziell diese Zusammenarbeit für die Energie von Mitarbeitenden und die Zukunftsfähigkeit von Unternehmen ist.

Ich möchte mit diesem Buch nicht nur aufklären, sondern mit den beschriebenen Methoden, Strategien und Beispielen aus der Praxis auch zeigen, wie es in einer von Technologie geprägten Arbeitswelt gelingt aufzuladen, anstatt auszubrennen.

Mitarbeitende möchte ich mit diesem Buch nicht nur dazu motivieren, die eigenen Fähigkeiten im Umgang mit Technologie auszubauen, um mit mehr Energie nachhaltiger arbeiten zu können – ich möchte sie dazu befähigen, mit dem Ansatz proaktiver Resilienz die eigene Zukunft zuversichtlich zu gestalten.

Führungskräften soll dieses Buch helfen, das eigene Skill-Set zu erweitern, um in einer hybriden Arbeitswelt die Energie im Team im Blick zu behalten, selbst mit voller Power als Vorbild zu inspirieren und so für mehr Energie im Team zu sorgen.

Organisationen und den Verantwortlichen darin soll das Buch einen Impuls dazu geben, die derzeit gelebte Unternehmenskultur zu reflektieren, und Ideen liefern, die dazu beitragen, eine zukunftsfähige und energiegebende Arbeitskultur zu entwickeln.

Die Basis bildet das Konzept Human.Recharge.Management.® (HRM), das Menschen, Technologie und Unternehmen miteinander in Beziehung setzt, um eine nachhaltige und gleichzeitig produktive Arbeitskultur zu fördern. Es analysiert die Interaktion zwischen Mitarbeitenden und technischen Tools und zielt darauf ab, energiegeladene Teams zu formen.

Human.Recharge.Management.® konzentriert sich darauf, die mentale Gesundheit sowie das Engagement und die Zufriedenheit der Belegschaft durch nachhaltige Strategien in der Zusammenarbeit von Mensch und Technologie zu steigern.

Zusätzlich konzentriert sich HRM darauf, die mentale Gesundheit sowie die Motivation und Zufriedenheit der Belegschaft durch nachhaltige Strategien in der Zusammenarbeit zu steigern. Innovative Methoden des Energiemanagements werden eingesetzt, um nicht nur die Leistung des Unternehmens zu steigern, sondern auch strategische Zeiten zum Aufladen zu fördern, die zur Regeneration beitragen.

Der Einsatz von Assessments wie dem Energy-Check ermöglicht es, den Erfolg dieser Maßnahmen zu analysieren und die Ansätze entsprechend anzupassen. Dies garantiert fortlaufende Verbesserungen und eine flexible Reaktion auf die sich ständig wandelnden Bedürfnisse des Marktes.

HRM erkennt Zusammenhänge und nimmt eine Moderationsrolle im Unternehmen ein, um einzelne Maßnahmen in eine Gesamtstrategie zu integrieren und die bestehenden Ansätze zu komplettieren.

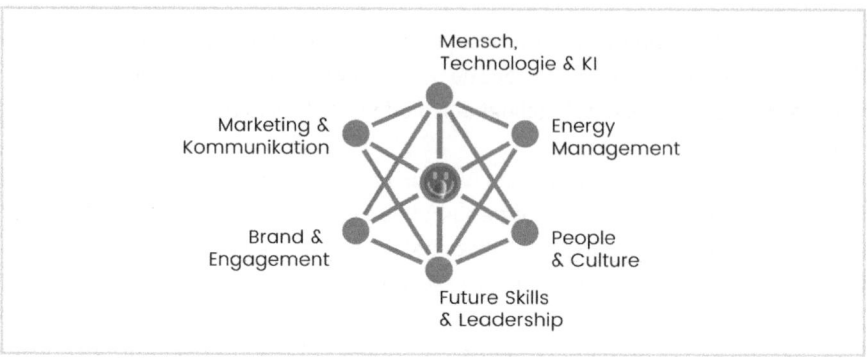

Quelle: Johannes Oberhofer / Canva

HRM ist ein proaktiver Ansatz, der Unternehmen dabei unterstützt, zukunftsfähig zu werden und zu bleiben und sich mit energiegeladenen Mitarbeitenden für die Herausforderungen der Arbeitswelt von morgen zu wappnen. Denn eine nachhaltige Transformation setzt voraus, dass ausreichend Energie zur Verfügung steht – individuell und im Team!

Neugierig?

Mehr zu meiner Vision und aktuellen Aktivitäten findest du unter:
www.aufladenstattausbrennen.de

Und jetzt: Viel Spaß beim Aufladen!

Johannes Oberhofer
#gerneauchperdu

1 Aufladen statt ausbrennen – eine kleine Einführung ins Buch

Als Kind hatte ich ein ferngesteuertes Auto, dessen Akku nach einiger Zeit den Geist aufgab. Dieses Auto hat mir mein Papa vor einigen Jahren wiederaufbereitet zu Weihnachten geschenkt. Das Geschenk versetzte mich schlagartig in meine Kindheit zurück. Akku aufladen. Rein in das Auto. Hebel auf der Fernbedienung nach vorn drücken. Los geht's. Beschleunigen. Bremsen. Ausweichen. Scharfe Kurven. Alles reagiert schnell, agil und zuverlässig – bis die Akkuleistung nachlässt.

Dann wird alles etwas träger und langsamer. Also was tun? Genau: Einfach den Gashebel noch fester nach vorn drücken, um damit mehr Leistung zu generieren – oder?

Indem ich also versuchte, den Hebel fester nach vorn zu drücken, hoffte ich, dass das Auto vielleicht doch noch schneller fahren würde. Das Ergebnis war leider ernüchternd: Das Auto fuhr trotz des erhöhten Drucks auf den Gashebel nicht schneller und blieb irgendwann stehen – Akku leer. Dafür hatte ich einen tiefen, roten Abdruck des Gashebels auf meinem Daumen.

So wie dem ferngesteuerten Auto geht es Mitarbeitenden, Führungskräften und Organisationen, die sich durch das Tempo der Digitalisierung überfordert fühlen und glauben, die Fernbedienung nicht mehr selbst in der Hand zu halten. Geschwindigkeit, Jobunsicherheit, Komplexität, technologische Entwicklungen, Verunsicherung, lebenslanges Lernen, veränderte Marktsituationen – all das sind Herausforderungen, die ohne die richtigen Strategien Energie ziehen können – individuell und im Team.

Rutscht der Akkustand in den orangen Bereich, sollten wir sparsamer mit der vorhandenen Energie umgehen oder die nächste Ladestation suchen. Bleiben Mensch und Organisation zu lange in diesem Bereich, kommt der Akku langsam in den roten Bereich und die Energie geht komplett aus – Akku leer.

Dass viele Menschen diesen roten Bereich erreicht haben, verdeutlichen Studien wie der AOK-Fehlzeitenreport 2023. Laut dem Report haben die beruflichen Fehltage aufgrund psychischer Erkrankungen von 2012 bis 2022 um 48 % zugenommen (AOK, 2023).

Wenn es individuell und als Organisation jedoch gelingt, den Akku immer wieder aufzuladen, Energie zu sparen oder sogar neue Energie freizusetzen, kann mit einem grünen Akku gesund und mit voller Power nachhaltig und zukunftsfähig agiert werden.

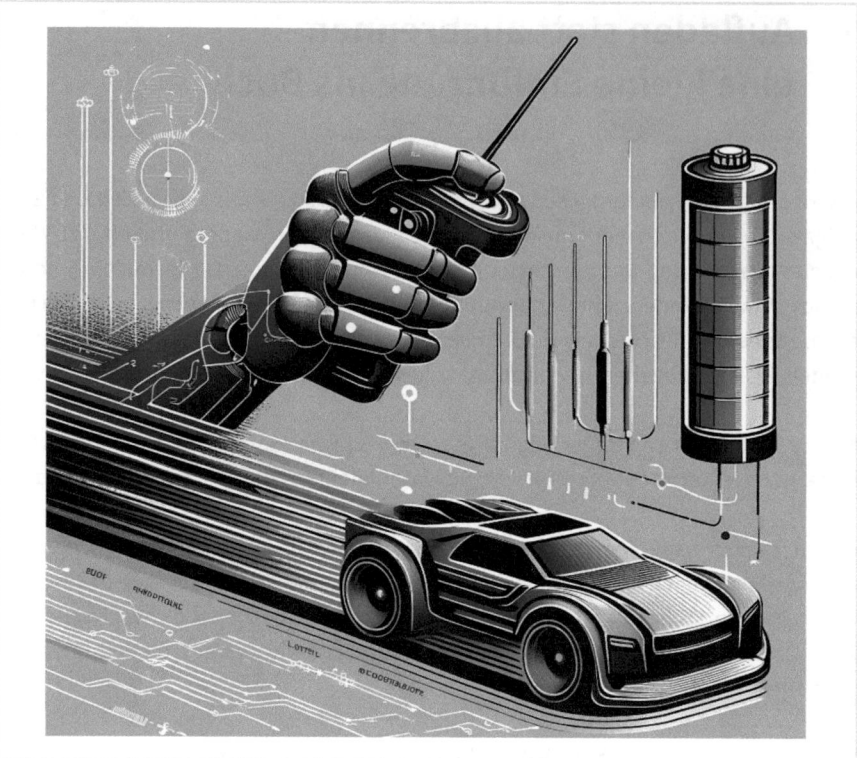

Quelle: Johannes Oberhofer / DALL-E

**Nachhaltige Transformation setzt voraus, dass ausreichend Energie
zur Verfügung steht – individuell und im Team!**

In einer Arbeitswelt, in der Beruf und Privatleben zunehmend miteinander verschmelzen, neue Technologien die Arbeitswelt so schnell wie nie zuvor beeinflussen und Menschen im Arbeitskontext – im wahrsten Sinne des Wortes – nicht mehr so häufig in *Berührung* kommen, bedarf es Strategien, die diese Entwicklungen berücksichtigen – aufladen statt ausbrennen ist eine davon.

1.1 Die Relevanz einer energiegebenden Arbeitskultur

Wir leben in einer Zeit rasanter technologischer Veränderungen, einer Zeit, in der die Grenzen zwischen Arbeit und Freizeit zunehmend verschwimmen und in der das Team *Mensch und Technologie* immer näher zusammenrückt.

Die Megatrendstudie des Zukunftsinstituts (2023) beschreibt diese neue Realität mit dem Megatrend »Technosoziale Arbeitswelt«. Die Autoren schreiben: *»Eine neue Ära* *der Arbeitswelt bricht an: Technologie und Soziales verschmelzen und bilden künftig die Definitionsgrundlage von Organisationen jeglicher Art«* (Zukunftsinstitut, 2023, S. 16).

Mit der technosozialen Arbeitswelt bricht eine neue Ära an.

In dieser neuen Realität wird die Pflege unserer physischen und mentalen Gesundheit immer wichtiger – nicht nur für unser persönliches Wohlbefinden, sondern auch für die Energie und Leistungsfähigkeit in Teams und Unternehmen.

Quelle: Johannes Oberhofer / Canva

Die Statistiken sind alarmierend. Ein steigender Prozentsatz von Arbeitnehmenden fühlt sich regelmäßig gestresst und die psychische Belastung am Arbeitsplatz nimmt zu. Dies schlägt sich nicht nur in individuellem Leiden nieder, sondern beeinflusst auch die Zukunftsfähigkeit von Unternehmen.

- **Psychische Belastungen:** In der #whatsnext-Studie 2023 geben 70 % der befragten Geschäftsführenden, Gesundheitsverantwortlichen und Personalerinnen und Personaler an, dass psychische Belastungen am Arbeitsplatz wie Burnout, Überforderung und Depressionen in drei Jahren eine eher große bzw. große Bedeutung in ihren Unternehmen haben werden (Institut für Betriebliche Gesundheitsberatung, 2023).
- **Fehltage:** Die Auswertung des AOK-Fehlzeitenreports 2023 zeigt, dass die beruflichen Fehltage aufgrund psychischer Erkrankungen von 2012 bis 2022 um 48 % zugenommen haben (AOK, 2023).
- **Fluktuation:** In der Personio HR-Studie 2022 geben 32 % der Befragten an, dass ein stressiges Arbeitsumfeld der Hauptgrund ist, warum sie offen für eine Kündigung sind (Personio, 2022).

- **Indirekte Kosten:** Laut dem Bericht von Workhuman und Gallup aus dem Jahr 2022 belaufen sich die Kosten freiwilliger Fluktuation aufgrund von Burnout auf 15 bis 20 % der gesamten Lohnsumme (Gallup, 2022).
- **Direkte Kosten:** Die Tagebuchstudie von Vera Starker und Team aus dem Jahr 2021/2022 zeigt, dass Unterbrechungen und die daraus resultierende Refokussierungszeit deutsche Unternehmen durchschnittlich 58,5 Mrd. Euro pro Jahr kosten (Starker et al., 2022).

Diese Studien zeigen sehr deutlich, dass die Auswirkungen einer energieziehenden Arbeitsumgebung und Unternehmenskultur weit über das reine Wohlbefinden der Mitarbeitenden hinaus gehen und einen relevanten Faktor für die Zukunftsfähigkeit von Unternehmen darstellt – personell und wirtschaftlich.

In diesem Buch möchte ich aufzeigen, wie diese Herausforderungen gemeistert werden können, um eine Arbeitskultur zu gestalten, in der Mitarbeitende *aufladen, anstatt auszubrennen*, und in der Technologie so eingesetzt wird, dass Energie gespart oder mit dem gezielten Einsatz von KI sogar freigesetzt werden kann.

Die Investition in die Entwicklung nachhaltiger Strategien zum Energiemanagement zahlt sich für Mitarbeitende und Unternehmen auf mehreren Ebenen aus und sorgt in Summe für eine zukunftsfähige Unternehmens-Performance:

- **Mental Health:** Laut dem Gallup-Report 2023 verzeichnen Unternehmen mit unterstützenden Maßnahmen zur mentalen Gesundheit weniger gesundheitsbedingte Fehltage (Gallup, 2023).
- **Engagement:** In der Personio HR-Studie 2022 sind zwei der drei Topgründe, die Mitarbeitende dazu motivieren, im Unternehmen zu bleiben, eine höhere Wertschätzung der Arbeit und eine bessere Work-Life-Balance (Personio, 2022).
- **Team-Performance:** Der Gallup-Report 2023 zeigt, dass Teams mit hohem Engagement eine höhere Produktivität im Vergleich zu Teams mit niedrigem Engagement haben (Gallup, 2023).
- **Fachkräfte:** Gemäß den Zahlen von Great Place to Work 2022 empfehlen 86 % der Mitarbeitenden Unternehmen mit einer ausgezeichneten Arbeitsplatzkultur an andere weiter und gleichzeitig sagen 85 %, dass sie lange im Unternehmen bleiben möchten (Hastwell, 2024).
- **5 × ROI:** Laut einem Report von Deloitte aus dem Jahr 2020 ist der Return on Investment für jeden Euro, den Unternehmen in die mentale Gesundheit ihrer Mitarbeitenden investieren, fünffach (Deloitte UK, 2020).

Die Schaffung einer energiegebenden Arbeitskultur stellt daher eine grundlegende Strategie dar, um die Herausforderungen einer technosozialen Arbeitswelt zu meistern und sowohl das menschliche als auch das organisatorische Potenzial voll auszuschöpfen und die Verbindung zwischen Menschen und Technologie so zu gestalten, dass sie uns stärkt, anstatt uns zu überfordern.

1.2   Aufbau des Buches

Im Folgenden möchte ich kurz den Aufbau des Buches beschreiben und voranschicken: Es gibt beim Lesen dieses Buches kein Richtig oder Falsch.

Human.Recharge.Management.
Aufladen statt ausbrennen basiert auf dem von mir entwickelten Konzept Human.Recharge.Management., einem strategischen Ansatz, um im Team *Mensch und Technologie* mit mehr Energie zukunftsfähig zu arbeiten. Seit April 2023 ist Human.Recharge.Management. Teil von decode.forward und wird dort in die Beratungsansätze integriert.

> **Du möchtest mehr erfahren?**
>
> Weiterführende Informationen findest du unter folgenden Links:
> - www.aufladenstattausbrennen.de
> - www.decode-forward.com
>
> Zudem kannst du den QR-Code am Rand scannen und meinem Profil auf LinkedIn folgen.

Theorie und Praxis
Jeder Abschnitt ist ein Mix aus theoretischen Hintergründen und relevanten Informationen, gepaart mit vielen Beispielen aus der Praxis. Ich möchte damit für Impulse sorgen, die zum Nachmachen oder kreativen Weiterdenken einladen.

Eigene Erfahrungen
Im Verlauf des Buches werde ich versuchen, immer wieder eigene Erfahrungswerte zu wissenschaftlichen Erkenntnissen einfließen zu lassen, die auf zahlreichen Kundenprojekten und Einzel-Coachings beruhen, die ich seit dem Abschluss meines Studiums 2009 und dem damit verbundenen Eintritt in das Berufsleben machen durfte.

Deep-Dive Microsoft Teams
Mit Alexander Eggers konnte ich einen anerkannten Experten im Bereich Modern Work und Changemanagement als Beiträger für mein Buchprojekt gewinnen, der seit 2020 wiederholt als Microsoft MVP (Most Valuable Professional) für Office Apps und Services ausgezeichnet worden ist.

Als Microsoft MVP & MCT und Keynote Speaker sowie in seiner Rolle als Gesellschafter eines IT-Unternehmens mit mehr als 80 Mitarbeitenden kennt er die Verfahren und Prozesse, was ihm bei der Einführung von Microsoft 365 und insbesondere von Microsoft Teams oder Copilot bei seinen Kunden sehr hilft.

Mit Formaten wie der Teams Show und der Copilot Show, dem Podcast Alex & Ragnar oder als Speaker auf der Bühne gelingt es Alex wie kaum einem Zweiten, Menschen und Organisationen von den Funktionen und den Anwendungen der modernen Arbeitswelt mit Microsoftprodukten zu begeistern.

Alex und ich teilen eine Leidenschaft – Menschen durch Technologie dabei zu helfen, besser zu arbeiten. Gemeinsam haben wir den E-Learning-Kurs »Einfach mehr Energie im Job – mit Microsoft Teams und Viva« entwickelt – eine großartige Ergänzung zum Buch.

Interesse an unserem E-Learning-Kurs?

Wenn du mehr über unseren E-Learning-Kurs »Einfach mehr Energie im Job – mit Microsoft Teams und Viva« erfahren oder teilnehmen möchtest, scanne den QR-Code am Rand.

Alex wird an mehreren Stellen einen Deep-Dive in die Microsoft-Teams- und -Copilot-Welt machen, um das theoretische Wissen in den technologischen Arbeitsalltag zu überführen. Die Beiträge sind durch einen Infokasten gekennzeichnet.

Weitere Informationen zu Alex gibt es hier:
- www.alexander-eggers.de
- www.next-skills.de

Energy-Coaching

Wenn ich von meiner »Coaching-Erfahrung« spreche, meine ich dabei ein Energy-Coaching aus dem trainingswissenschaftlichen Bereich. Dieser Ansatz des Coachings konzentriert sich auf die Verbesserung der gesundheitlichen Bedingungen und Lebensgewohnheiten des Coachees und zielt besonders darauf ab, das Energiemanagement zu verbessern.

80/100

Die 80/100-Regel gilt grundsätzlich für alle aufgeführten Inhalte dieses Buches. Ich selbst versuche diese Regel in allen Lebensbereichen anzuwenden. In 80 Prozent meiner Zeit versuche ich 100 Prozent zu geben. Was umgekehrt bedeutet: Auch ich bin nicht perfekt und setze in 20 Prozent der Zeit nicht alle Empfehlungen dieses Buches zu 100 Prozent um. Das ist auch nicht notwendig und soll davon abhalten, beim Lesen ein schlechtes Gewissen zu bekommen, weil womöglich einige Dinge noch nicht ganz so gut umgesetzt werden. Jeder Schritt näher an 80/100 ist ein Schritt zu mehr Energie – individuell und im Team.

Zusammenfassung

Die Zusammenfassung in den längeren Kapiteln ist für Menschen wie mich gedacht, die sich einen schnellen ersten Überblick verschaffen wollen, ohne direkt in die Tiefe eines ganzen Kapitels gehen zu müssen – daher darf diese durchaus auch vor dem eigentlichen Kapitel gelesen werden.

Reflexionsfragen

Die Reflexionsfragen richten sich – je nachdem, wer dieses Buch liest – an Mitarbeitende, Führungskräfte oder Organisationen. Sie helfen dabei, die eigene Situation besser zu bewerten, und dienen in Summe der Entwicklung einer individuell angepassten Strategie. Ich lade dich dazu ein, die Antworten auf die Reflexionsfragen direkt ins Buch einzutragen.

Reflexionsfragebogen

Wenn du die Reflexionsfragebogen lieber außerhalb des Buches ausfüllen möchtest, findest du sie auch zum Downloaden unter: www.aufladenstattausbrennen.de

Power-Strategien

Last but not least enden viele Kapitel mit Vorschlägen für Power-Strategien, die sich in der Praxis bewährt haben. Diese können und sollen genutzt, ausprobiert und jederzeit weitergedacht werden. Im Energy-Coaching hat sich gezeigt, dass es vielen Menschen, Teams und Organisationen schlicht an Ideen fehlt, um die eigenen Arbeitsstrukturen zu verändern.

Die Power-Strategien sind nicht als das ultimative oder einzige Set an Lösungen gedacht, sondern sollen vielmehr als eine Auswahl bewährter Beispiele verstanden werden, die effektiv funktionieren und zur Inspiration dienen können.

2 Digitaler Stress – Herausforderungen der modernen Arbeitswelt

In den letzten Jahrzehnten hat sich die Arbeitswelt drastisch gewandelt und die Entwicklungen im Bereich künstlicher Intelligenz (KI) haben das Tempo dieser Veränderungen exponentiell beschleunigt. Entwicklungen, die früher mehrere Jahre dauerten, geschehen heute innerhalb weniger Monate oder sogar Wochen.

Dieser Fortschritt der Digitalisierung hat unsere Art zu arbeiten grundlegend verändert und bringt sowohl Chancen als auch Herausforderungen mit sich – und diese Transformation betrifft nicht nur einzelne Berufe oder Branchen, sondern ist ein globales Phänomen, das unsere gesamte Arbeits- und Lebensweise beeinflusst.

In seinem Buch »Digitaler Stress – Schattenseiten der Digitalisierung« beschreibt Dr. David Bausch (2024) sehr ausführlich, wie sich die Arbeitswelt in den letzten Jahren verändert hat und wo der Ursprung von digitalem Stress liegt.

Eine wichtige Grundlage im Forschungsfeld *digitaler Stress* liefert die Studie »The Impact of Technostress on Role Stress and Productivity« von Monideepa Tarafdar und ihrem Forschungsteam aus dem Jahr 2007. Die Studie untersuchte, wie Technostress – also Stress, der durch den Einsatz von Informations- und Kommunikationstechnologien entsteht – sowohl auf den Rollenstress als auch auf die Produktivität von Individuen wirkt.

Die Forschenden konnten hier erstmals fünf Dimensionen identifizieren, die als digitale Stressoren auf den Menschen wirken:

- **Überlastung:** Diese Dimension bezieht sich auf die Menge an Informationen und Aufgaben, die durch Informations- und Kommunikationstechnik (IKT) auf eine Person einströmen. Eine Überflutung mit Informationen kann dazu führen, dass sich Menschen überwältigt und gestresst fühlen.
- **Entgrenzung:** Hierbei geht es um die Auflösung der Grenzen zwischen Arbeits- und Privatleben. Durch ständige Erreichbarkeit und die Möglichkeit, jederzeit und überall zu arbeiten, verschwimmen die Grenzen, was zu zusätzlichem Stress führen kann.
- **Komplexität:** Diese Dimension beschreibt die Schwierigkeiten, die bei der Nutzung komplexer Technologien auftreten können. Wenn Systeme und Software schwer zu verstehen und zu bedienen sind, erhöht dies den Stresspegel der Nutzenden.
- **Unsicherheit:** Unsicherheit entsteht, wenn Menschen sich nicht sicher sind, wie sie mit neuen Technologien umgehen sollen, oder wenn sie befürchten, dass ihre Fähigkeiten nicht ausreichen, um mit technologischen Veränderungen Schritt zu halten.

- **Ungewissheit:** Diese Dimension bezieht sich auf die Unvorhersehbarkeit von technologischen Entwicklungen und deren Auswirkungen auf das eigene Arbeitsumfeld. Ungewissheit kann Stress erzeugen, wenn Menschen nicht wissen, wie sich neue Technologien auf ihre Arbeit und ihre Zukunft auswirken werden.

Quelle: Johannes Oberhofer / Canva

Besonders die jüngsten Entwicklungen im Bereich künstlicher Intelligenz rücken den digitale Stressor Ungewissheit bei vielen Menschen in den Vordergrund. Eine im Mai 2024 veröffentlichte Studie des McKinsey Global Institute zeigt, dass bis 2030 rund 30 % der Arbeitsstunden durch Technologien wie generative KI automatisiert werden können (Hazan et al., 2024).

Ich möchte mit dieser Studie die Ungewissheit keinesfalls weiter schüren, sondern vielmehr darauf hinweisen, dass vor allem Re- und Upskilling-Strategien und -Methoden, wie sie auch in diesem Buch beschrieben werden, einen wesentlichen Teil dazu beitragen können, diesem Stressor proaktiv zu begegnen. In einem Artikel zur Studie schreiben die Autorinnen und Autoren, dass Mitarbeitende dabei zu Schlüsselspielern der KI-Revolution werden, und zitieren McKinsey-Partnerin Sandra Durth:

> »Um diesen Umbruch verantwortungsvoll zu gestalten und vom beschleunigten Produktivitätswachstum zu profitieren, müssen Führungskräfte aus Wirtschaft und Politik nicht nur den Einsatz von KI deutlich beschleunigen, sondern gleichzeitig mehr als bislang in die Weiterbildung und Umschulung der Beschäftigten investieren.«
>
> McKinsey & Company, 2024

Neben einer klar erkennbaren Strategie und transparenten Kommunikation seitens der Unternehmensverantwortlichen kann jeder und jede Mitarbeitende mit gezielten Maßnahmen, Übung und dem Ansatz proaktiver Resilienz die erlebten Stressoren der Überlastung, Entgrenzung, Komplexität und Unsicherheit verringern und dadurch die metaphorische Fernbedienung wieder in die Hand nehmen.

Seit 2010 arbeite ich mit Menschen aus diversen Unternehmen, Branchen und Positionen zusammen und habe gesehen, wie diese Stressoren auf Menschen wirken und den Bedarf an einem neuen Verständnis von Gesundheit und Energie in einer digitalen Arbeitswelt hervorgerufen haben.

Wir sind Zeugen einer Verschiebung hin zu einer Arbeitswelt, in der die Menge an Arbeit, ständige Erreichbarkeit, Informationsüberflutung, Bewegungsmangel, neue Formen der Zusammenarbeit und Jobunsicherheit zur Normalität werden. Diese Normalität hat jedoch weitreichende Auswirkungen auf die physische und mentale Gesundheit der Mitarbeitenden – sie raubt unserem Körper Energie, macht krank und lässt Teams *ausbrennen*.

Diese Entwicklungen und deren Auswirkungen werden in der Studie »#whatsnext – Gesund arbeiten in der hybriden Arbeitswelt« von der Techniker Krankenkasse, dem Institut für Betriebliche Gesundheitsberatung (IFBG) und dem Personalmagazin (Haufe) unterstrichen (Institut für Betriebliche Gesundheitsberatung, 2023). Die Studie beleuchtet die Top-Gesundheitsthemen der Arbeitswelt aus Sicht der Unternehmen und zeigt auf, wie sich die Anforderungen an die Beschäftigten in der digitalen Arbeitswelt verändern.

Ein zentrales Ergebnis der Studie ist, dass das Thema *psychische Gesundheit* an Bedeutung gewinnt. Ein signifikanter Anteil der befragten Führungskräfte und Gesundheitsverantwortlichen sieht psychische Belastungen am Arbeitsplatz wie Burnout, Überforderung und Depressionen als zunehmend relevant an. Diese Erkenntnis spiegelt sich auch in den steigenden Arbeitsunfähigkeitstagen aufgrund psychischer Erkrankungen wider.

Die Studie betont weiterhin, dass die Herausforderungen am Arbeitsplatz nicht nur in der Menge und Komplexität der Aufgaben liegen, sondern auch in der Quantität der zu verarbeitenden Informationen, ständigen Veränderungen sowie Ablenkungen und Unterbrechungen.

Es wird deutlich, dass traditionelle Ansätze im Gesundheitsmanagement nicht mehr ausreichen, um diesen neuen Herausforderungen gerecht zu werden. Stattdessen ist ein ganzheitlicher Ansatz erforderlich, um die Energie der Mitarbeitenden aufrechtzuerhalten.

In meiner eigenen beruflichen Laufbahn und durch die Entwicklung des Konzepts HRM habe ich gelernt, dass Performance nur dann möglich ist, wenn ausreichend Energie zur Verfügung steht – individuell und im Team.

Mit dem Fortschreiten des digitalen Zeitalters, der nicht mehr wegzudenkenden Möglichkeit, im Homeoffice zu arbeiten, und den bahnbrechenden technologischen Fortschritten, inklusive der künstlichen Intelligenz (KI), hat sich die Art, wie wir arbeiten, dramatisch verändert. Die Grenzen zwischen Büro und dem eigenen Zuhause verschwimmen und die Technologie ermöglicht und erfordert neue Formen der Zusammenarbeit.

Diese Änderungen bringen sowohl Chancen als auch Herausforderungen mit sich. Einerseits eröffnen flexible Arbeitsmodelle und fortschrittliche Technologien wie KI neue Möglichkeiten für Effizienz und Kreativität. Andererseits führen sie, wie oben beschrieben, ohne die richtigen Strategien und Maßnahmen zu Überlastung, Stress und einem Gefühl der Isolation.

Es geht also darum, Strategien zu entwickeln, die nicht nur auf äußere Einflüsse reagieren, sondern Veränderung proaktiv gestalten. Strategien, die sowohl den eigenen Akku als auch den des Teams aufladen lassen und die dafür sorgen, dass nachhaltiger mit der vorhandenen Energie umgegangen wird

Digitale Schulden

Der Begriff »digitale Schulden« bezeichnet das Problem, dass wir von einer Vielzahl digitaler Dienste umgeben sind. E-Mails, Chats, Meetings und Benachrichtigungen buhlen um unsere Aufmerksamkeit. Alles ist wichtig, und der Mensch ist eifrig bemüht, aus seiner »digitalen Verschuldung« herauszukommen und die Dinge zu erledigen. Doch jede Minute, die wir mit dieser digitalen Verschuldung verbringen, hält uns davon ab, kreativ zu sein und neue Ideen zu entwickeln. Wir arbeiten nur noch das ab, was an Informationen hereinkommt.

Dabei führen gerade falsche Benachrichtigungseinstellungen dazu, dass Aufmerksamkeitsspanne und Konzentrationsfähigkeit sinken, da diese kleinen Pings oder aufpoppenden Fenster ständig Ablenkung und Unterbrechung bringen.

Wir brauchen mehr Wissen über Funktionen wie »Nicht stören« z. B. in Microsoft Teams oder auch Tools wie Boomerang für Outlook, das den E-Mail-Eingang temporär stoppt. Dies nur als kleiner Ausblick. Im weiteren Verlauf werden wir auf all diese Themen näher eingehen.

Digitale Schulden haben also gravierende Auswirkungen auf die Lebens- und Arbeitsqualität im digitalen Zeitalter. Um sie zu vermeiden oder zu verringern, ist es notwendig, ein kritisches Bewusstsein für die Vor- und Nachteile digitaler Technologien zu entwickeln und ein gesundes Gleichgewicht zwischen der digitalen und der analogen Welt zu finden. Dies erfordert ein besseres Verständnis der Möglichkeiten, die die täglich genutzten Werkzeuge bieten.

2.1   Der analoge Mensch im digitalen Zeitalter

Die These, der Mensch sei ein analoges Wesen im digitalen Zeitalter, wirft interessante Fragen auf – sowohl aus anthropologischer als auch aus soziologischer Sicht.

Erstens ist es wichtig zu erkennen, dass die menschliche Evolution ein langsamer Prozess ist, der sich über Millionen von Jahren erstreckt. Unsere Sinne, unser Gehirn und unsere körperlichen Fähigkeiten haben sich entwickelt, um mit einer Umwelt zurechtzukommen, die weit von der heutigen technologisch fortgeschrittenen Gesellschaft entfernt ist. Tatsächlich sind viele unserer grundlegenden psychologischen und physiologischen Reaktionen tief in unserer prähistorischen Vergangenheit verwurzelt.

Die rasante Entwicklung der digitalen Technologie in den letzten Jahrzehnten stellt eine enorme Veränderung in der Art und Weise dar, wie wir kommunizieren, arbeiten, lernen und uns unterhalten. Diese Veränderungen ereignen sich in einem historisch gesehen außerordentlich schnellen Tempo, was bedeutet, dass unsere evolutionären Mechanismen nicht in der Lage sind, sich anzupassen oder zu entwickeln, um diesen neuen Realitäten vollständig gerecht zu werden. Zum Beispiel können die ständige Informationsflut und die omnipräsente Vernetzung zu Überlastung führen, was zu Stress, Ablenkung und sogar zu psychischen Problemen wie Angstzuständen oder Depressionen führen kann.

Zweitens betrifft die Herausforderung der Digitalisierung nicht nur unsere individuellen kognitiven und psychologischen Kapazitäten, sondern auch unsere sozialen Strukturen und Kulturen.

In »Reclaiming Conversation« beschreibt Sherry Turkle (2015), wie die permanente Ablenkung durch digitale Geräte zu einem Verlust der Fähigkeit führt, sich auf längere und tiefere menschliche Interaktionen einzulassen, was essenziell für psychologische Gesundheit und zwischenmenschliche Beziehungen ist. Sherry Turkle ist eine Professorin am Massachusetts Institute of Technology (MIT), die sich auf die psychologischen Dimensionen der menschlichen Beziehungen zu digitaler Technologie spezialisiert hat. Ihre Forschung konzentriert sich darauf, wie digitale Geräte und soziale Medien das menschliche Verhalten, die Kommunikation und die Selbstwahrnehmung beeinflussen.

Auch wenn ihr Werk bereits im Jahr 2015 erschienen ist, haben ihre Erkenntnisse fast ein Jahrzehnt später nicht nur weiterhin Relevanz, sondern sind möglicherweise noch bedeutender geworden:

1. Zunehmende digitale Vernetzung und Medienkonsum

Die Weiterentwicklung und zunehmende Verbreitung digitaler Technologien wie künstliche Intelligenz, Virtual Reality (VR) und Augmented Reality (AR) sowie die Allgegenwart von Smartphones und sozialen Medien intensivieren die Probleme, die Turkle in ihrer Arbeit anspricht:

- **Abnahme von Face-to-Face-Kommunikation:** Während Technologien wie VR und AR das Potenzial haben, Interaktionen zu simulieren, fehlen ihnen oft die Nuancen und die emotionale Tiefe echter menschlicher Gespräche.
- **Ablenkung und Multitasking:** Die ständige Verfügbarkeit von Informationen und Unterhaltung führt zu weiterer Fragmentierung der Aufmerksamkeit, was die Fähigkeit zu tiefgehenden Gesprächen und konzentrierter Arbeit untergräbt.

2. Psychologische und soziale Effekte

Mit fortschreitender Technologie werden auch die psychologischen und sozialen Effekte dieser Entwicklungen deutlicher:

- **Emotionale und psychische Probleme:** Phänomene wie *Zoom Fatigue* durch den extensiven Gebrauch von Video-Konferenzen und die Zunahme von Angstzuständen und Depressionen – besonders unter Jugendlichen, die intensiv soziale Medien nutzen – sind Belege für die fortgesetzten und wachsenden Herausforderungen.
- **Veränderung sozialer Dynamiken:** Technologie beeinflusst weiterhin die Art und Weise, wie Menschen Beziehungen bilden, pflegen und Werte vermitteln, was oft zu einem Verlust von Empathie und einem schwächeren Gemeinschaftsgefühl führt.

Menschen sind soziale Wesen, die sich in Gemeinschaften entwickelt haben, in denen direkte, persönliche Interaktionen entscheidend waren. Die Verschiebung zu digital vermittelten Kommunikationsformen kann daher unsere sozialen Beziehungen und unser Gemeinschaftsgefühl beeinträchtigen. Schließlich ist die Fähigkeit zur Anpassung – eine der großen Stärken der menschlichen Spezies – entscheidend, um mit den Herausforderungen der digitalen Welt umzugehen.

Obwohl wir evolutionär nicht schnell genug sind, um genetische Veränderungen zu erfahren, die uns besser an die digitale Welt anpassen würden, sind wir kulturell und technologisch anpassungsfähig. Wir entwickeln und adoptieren ständig neue Technologien, um mit den Herausforderungen umzugehen, und wir passen unsere sozialen Normen und Verhaltensweisen an, um die digitale Welt zu integrieren.

The New Normal

Wenn ich Unternehmensverantwortlichen die Frage stelle, ob sie lieber Mitarbeitende mit grünem oder rotem Akku im Team hätten, ist die Antwort klar – natürlich mit
grünem Akku. Denn ein grüner Akku sorgt dafür, dass Menschen ihr volles Potenzial
entfalten und Teams in Besetzung arbeiten können. In Summe ist der Unternehmens-
erfolg nur die logische Konsequenz. Dass der Akku im Team voll ist, setzen sämtliche
Performance-Management-Strategien als gegeben voraus – die Normalität sieht allerdings oft anders aus.

Wir leben in einer Arbeitswelt, in der es normal ist, viele Stunden sitzend zu verbringen. In der es normal ist, mehrere Tasks gleichzeitig zu erledigen. In der es normal ist,
in den sozialen Medien zu surfen, während man mit anderen Menschen am Tisch sitzt.
In der es normal ist, von Online-Meeting zu Online-Meeting zu springen. Und in der
es normal ist, bis unmittelbar vor dem Schlafengehen zu arbeiten, anstatt frühzeitig
den Laptop zuzuklappen. Diese und viele weitere Realitäten unserer *neuen* Normalität
sind Belastung und Stress für unseren Organismus.

40 % der deutschen Arbeitnehmenden fühlen sich regelmäßig gestresst.

Laut dem Gallup-Report 2023 fühlen sich 40 % der deutschen Arbeitnehmenden regelmäßig gestresst (Gallup, 2023). Regelmäßiger Stress hat einen direkten Einfluss auf
die Gesundheit, die mentale Energie und das Wohlbefinden der Mitarbeitenden – mit
weitreichenden Konsequenzen. Er leert schrittweise den Akku und macht auf Dauer
krank – körperlich und mental.

Die Folge: Unternehmen verlieren wertvolle Mitarbeitende und Teams großartige Kolleginnen und Kollegen. Manchmal »nur« temporär, bis der Akku nach einer längeren
Ladephase wieder voll ist – in vielen Fällen aber auch komplett, weil sie sich ein neues
Team bzw. einen neuen Arbeitgeber suchen. Daher lohnt es sich, der mentalen Gesundheit am Arbeitsplatz mehr Beachtung zu schenken.

2.2   Bedeutung der mentalen Gesundheit am Arbeitsplatz

Die mentale Gesundheit am Arbeitsplatz gewinnt in der heutigen Arbeitswelt zunehmend an Bedeutung. Sie ist ein entscheidender Faktor, der nicht nur das individuelle
Wohlbefinden der Mitarbeitenden beeinflusst, sondern auch die Produktivität, Kreativität und letztendlich den Erfolg eines Unternehmens maßgeblich prägt.

In einem Artikel der Haufe-Personal-Serie werden die Bedeutung und die Herausforderungen der Transformation der Arbeitswelt, insbesondere durch das Konzept von
New Work, beschrieben. Mit der Coronapandemie als Katalysator hat sich der Über-

gang zu neuen Arbeitsformen wie Remote-Arbeit und Homeoffice beschleunigt, was sowohl Chancen als auch Herausforderungen für Unternehmen und Mitarbeitende darstellt. Eine Schlüsselkomponente für den Erfolg dieser neuen Arbeitsmodelle ist eine gute Unternehmenskultur, die auf die Bedürfnisse der Mitarbeitenden eingeht und sie aktiv einbezieht (Oberdörffer et al., 2023).

Besonders hervorgehoben wird darin die Bedeutung der Gesundheit von Mitarbeitenden. Ein durchdachtes Management, das sowohl die physische als auch die psychische Gesundheit berücksichtigt, ist entscheidend für die Leistungsfähigkeit und Zufriedenheit der Mitarbeitenden. Unternehmen, die in der Lage sind, eine unterstützende und gesunde Arbeitsumgebung zu fördern, profitieren von geringeren Krankenständen und höherer Bindung der Mitarbeitenden.

Die Auswirkungen mentaler Energielosigkeit am Arbeitsplatz gehen weit über das Befinden der Menschen hinaus. Mentale Energielosigkeit wirkt sich auf die Anzahl der Krankheitstage der Mitarbeitenden, ihre Arbeitsleistung, die Wahrscheinlichkeit eines Burnouts und ihre Bereitschaft, das Unternehmen zu verlassen, aus.

Gemäß der #wahtsnext-Studie-2023/KKH lag der Anteil psychischer Erkrankungen am Gesamtkrankenstand im vergangenen Jahr bei 17,5 % und damit noch vor den Krankheiten des Muskel-Skelett-Systems (Institut für Betriebliche Gesundheitsberatung, 2023).

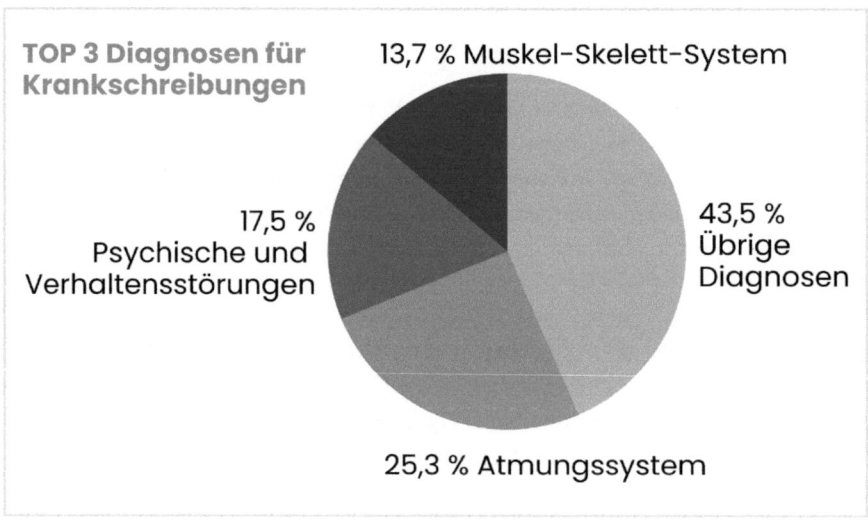

Quelle: https://www.tk.de/presse/mediathek/veranstaltungen-tk/studie-whatsnext-2145338

Die zunehmende Beachtung mentaler Gesundheit und der Anteil psychischer Erkrankungen an den Arbeitsunfähigkeitstagen weist auf eine dringende Notwendigkeit hin, Strategien und Maßnahmen zu entwickeln, die das mentale Wohlbefinden der Belegschaft stärken. Die Pandemie hat diese Notwendigkeit noch verstärkt, indem sie die Arbeitswelt verändert und neue Herausforderungen wie die Einführung von Homeoffice und mobiler Arbeit mit sich gebracht hat. Diese Veränderungen haben sowohl positive als auch negative Auswirkungen auf die mentale Gesundheit, wobei die soziale Isolation und die Distanzierung vom Unternehmen als Risikofaktoren hervorgehoben wurden.

Gleichzeitig machen diese Zahlen aber auch Hoffnung, da das Thema mentale Gesundheit und Energielosigkeit gesellschaftlich mehr Raum bekommt – und das ist auch enorm wichtig.

Doch aktuell sieht die Realität in vielen Bereichen der Arbeitswelt noch anders aus. Mitarbeitende müssen diverse Fristen jonglieren und neue Projekte beginnen, während andere noch nicht abgeschlossen sind, zwischen Meetings hin und her eilen und ständig Telefonate und Videochats führen, und die wenigen freien Zeiten werden dazu genutzt, gedankenlos auf dem Smartphone herumzuscrollen. Angesichts dieser Realität ist nachvollziehbar, wie Burnout zu dem Problem werden konnte, das es heute darstellt. Die traditionelle Bürokultur und die Arbeitsgewohnheiten haben eine lange Geschichte und tiefe Wurzeln, und obwohl diese Wurzeln weit reichen, erwürgen sie die Produktivität in jedem Büro, an jedem Schreibtisch.

Für die mentale Gesundheit Mitarbeitender ist eine unterstützende und ermutigende Arbeitskultur förderlich.

Der erste Schritt für mehr mentale Gesundheit ist es, eine unterstützende und ermutigende Arbeitskultur zu etablieren. Wenn Führungskräfte und Mitarbeitende ein besseres Verständnis für das eigene Energiemanagement erlangen, werden sie in der Lage sein, sich physisch und mental von dem Arbeitsstress zu erholen, mit dem sie täglich konfrontiert sind. Gepaart mit den richtigen Werkzeugen, Strategien und Praktiken für mehr Energie im Arbeitsalltag werden Führungskräfte, Mitarbeitende und Teams empowert, um ihr allgemeines Wohlbefinden, ihr Engagement und ihre Produktivität am Arbeitsplatz zu erhöhen.

Mental gesunde Mitarbeitende und aufgeladene Teams, die neue Technologien gekonnt und nachhaltig in den Arbeitsalltag integrieren, werden maßgeblich für die Zukunftsfähigkeit von Unternehmen verantwortlich sein.

2.3   Stress verstehen

Die World Health Organization (WHO, 2023) definiert Stress als ein Zustand der Sorge oder der geistigen Anspannung, der durch eine schwierige Situation verursacht wird. Stress ist eine natürliche menschliche Reaktion, die uns dazu veranlasst, Herausforderungen und Bedrohungen in unserem Leben zu bewältigen. Jeder Mensch erlebt in gewissem Maße Stress.

Kurzfristiger Stress erhöht die Aufmerksamkeit und steigert die Leistungsfähigkeit – langfristig und anhaltend macht Stress krank. Die Wissenschaft unterscheidet in diesem Kontext zwei Formen von Stress – Eustress und Distress.

Eustress ist der positive Stress, der als motivierend und förderlich empfunden wird. Eustress entsteht, wenn eine Herausforderung als positiv oder als eine Möglichkeit zur Verbesserung empfunden wird. Dieser Stresszustand ist oft mit Gefühlen von Zufriedenheit und Erfüllung verbunden, da er die Leistung und die persönliche Entwicklung fördern kann. Beispiele für Eustress sind die Aufregung vor einem wichtigen Ereignis wie einer Hochzeit oder einem großen Wettkampf oder die Herausforderung einer neuen Arbeit, die als bereichernd empfunden wird.

Distress bezeichnet hingegen den negativen Stress, der als unangenehm empfunden wird und oft mit Überforderung einhergeht. Dieser Typ von Stress entsteht, wenn eine Person sich nicht in der Lage fühlt, den Anforderungen einer Situation gerecht zu werden. Distress kann zu psychischen und physischen Gesundheitsproblemen führen, einschließlich Angstzuständen, Depressionen, Herz-Kreislauf-Erkrankungen und einem allgemein geschwächten Immunsystem. Ein unlängst erschienener Artikel der Harvard Medical School betont, dass, obwohl die Kampf-oder-Flucht-Reaktion kurzfristig lebensrettend sein kann, langfristiger Distress zu ernsthaften Gesundheitsproblemen führen kann (Harvard Health Publishing, 2024).

Die Art und Weise, wie wir auf Stress reagieren, ist jedoch bedeutsam für unser allgemeines Wohlbefinden. Ein in der Wissenschaft anerkannter Parameter für die Messung von Stress und ein nicht invasiver Marker für die Aktivität des vegetativen Nervensystems ist die Herzratenvariabilität (HRV). Die HRV beschreibt die zeitlichen Abstände zwischen zwei Herzschlägen, die sich ständig ändern, um sich auf die Anforderungen im Alltag anzupassen.

Die HRV kann durch eine Reihe von physiologischen Phänomenen beeinflusst werden (Firstbeat, 2024):
- Einatmung und Ausatmung, Atmungskontrolle
- Anpassungen des vegetativen Nervensystems (VNS)
- hormonelle Reaktionen

- Stoffwechselvorgänge und Energieverbrauch
- physische Aktivität, Sport und Erholung von physischer Aktivität
- Bewegungen und Haltungswechsel
- kognitive Prozesse und psychische Belastung
- Stressreaktionen, Entspannung und emotionale Reaktionen

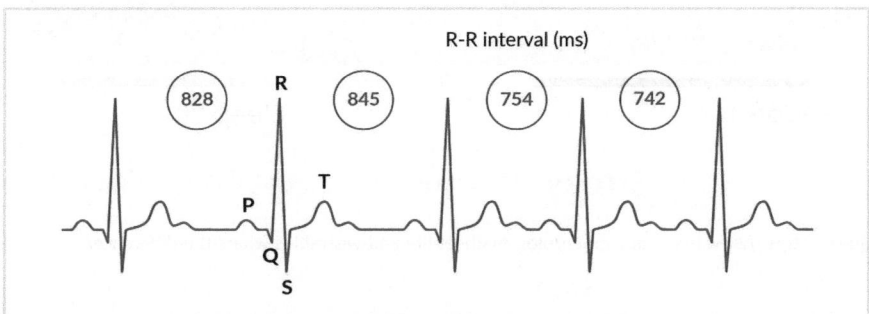

Quelle: https://www.firstbeat.com/de/wissenschaft/herzratenvariabilitat/

In Entspannung ist eine höhere HRV und in der Regel ein niedrigerer Puls messbar, wohingegen bei Stress die Herzfrequenz zunimmt und das Herz beginnt, in gleichmäßigeren Abständen zu schlagen. Vereinfacht ausgedrückt kann man sagen, dass HRV und Herzfrequenz in einem inversen Verhältnis zueinander stehen.

Der führende Hersteller auf dem Gebiet physiologischer Analysen für Wellbeing und Sport ist das finnische Unternehmen Firstbeat, mit dessen technologischen Lösungen ich in vielen Einzelcoachings bereits erfolgreich gearbeitet habe. Auf der Firmenwebsite schreibt das Unternehmen:

> »Firstbeat hat revolutionäre Analysemethoden entwickelt, die durch fortgeschrittene Modellierung ein digitales Modell der Benutzerphysiologie, der Herzfunktion sowie der Herzratenvariabilität (HRV) erstellen.«
>
> Firstbeat, 2024a

Mittlerweile befindet sich die Technologie von Firstbeat in vielen Wearables, wie zum Beispiel denen der Hersteller Garmin und Suunto. Firstbeat Life™ ist eine Wellness-Lösung, die dabei hilft, Gesundheit und Wohlbefinden zu fördern. Die App stellt durch die detaillierte Auswertung der Ergebnisse für Einzelpersonen einen erstklassiger persönlichen Gesundheits- und Wellnessdienst dar, der hochpräzise Einblicke in Stress, Erholung, Schlaf und Bewegung bietet.

Quelle: https://www.firstbeat.com/en/blog/firstbeat-life-and-wearables-whats-the-difference/

In meinem beruflichen Alltag treffe ich viele Menschen, die Wearables tragen – was ich grundsätzlich großartig finde, solange diese zur Unterstützung dienen und keine Abhängigkeit verursachen. Gleichzeitig stelle ich in Gesprächen fest, dass den Auswertungen dieser Geräte leider nur selten Beachtung geschenkt wird und naheliegende Verhaltensänderungen ausbleiben. Ein schlechter Erholungswert wird als solcher hingenommen – und es wird oft nicht weiter hinterfragt, was zu diesem Ergebnis geführt hat.

Daher möchte ich an dieser Stelle dazu motivieren, genau das zu tun: Ergebnisse zu hinterfragen – und Reaktionen folgen zu lassen. Denn für einen besseren Umgang mit Stress und einer damit verbundenen erhöhten Leistungsfähigkeit im Alltag lohnt es sich, auf das Herz zu hören.

Praxis

Als ich vor ca. zehn Jahren damit begonnen habe, mit Firstbeat zu arbeiten, habe ich natürlich auch den Selbstversuch gemacht – mit einem für mich äußerst spannenden Ergebnis. Aufgrund meiner sportlichen Historie war ich es immer gewohnt, mein Training in den frühen Abendstunden zu absolvieren. Bei meiner dreitägigen Messung mit dem Vorgängermodell des heutigen Firstbeat Life konnte ich Folgendes feststellen: Immer wenn ich abends Sport trieb, hatte dies zur Folge, dass ich trotz gleicher Bettgehzeit viel später in die erste Tiefschlafphase eintrat – und das unabhängig von der Intensität des Trainings. Egal ob leichtes Kardiotraining oder intensives Ganzkörpertraining – das Ergebnis war dasselbe, nämlich eine qualitativ schlechtere Erholung im Schlaf bei gleichem Zeitumfang. Warum das relevant ist und welchen Einfluss Schlaf auf die Leistungsfähigkeit hat, erkläre ich in Kapitel 4 noch genauer.

Mithilfe dieser Erkenntnis fiel es mir leicht, meine Routine zu verändern. Ich habe seitdem keine Abendtrainingseinheiten mehr absolviert, sondern lege diese jetzt, in Anhängigkeit von den Tagesanforderungen, entweder auf den frühen Morgen oder den späten Vormittag – mit der zusätzlichen Erkenntnis, dass dieses Verhalten auch deutlich besser zu meinem eigenen Energieprofil passt. Aber auch dazu mehr im Folgenden.

Transaktionales Stressmodell

Das transaktionale Stressmodell ist ein psychologisches Konzept, das von dem Psychologen Richard Lazarus und der Psychologin Susan Folkman entwickelt wurde. Beide haben bedeutende Beiträge zur Stress- und Bewältigungsforschung (Coping-Forschung) geleistet und ihr Ansatz und ihre Theorien haben das Verständnis davon, wie Menschen mit Stress umgehen, maßgeblich geprägt. Zusammen haben Lazarus und Folkman 1984 das Buch »Stress, Appraisal, and Coping« veröffentlicht, das als fundamentales Werk in der Stressforschung gilt. In diesem Buch entwickeln und erklären sie ihr Modell des Copings, das auf der Idee basiert, dass die Bewertung (Appraisal) einer stressreichen Situation entscheidend dafür ist, wie eine Person darauf reagiert und welche Coping-Strategien sie anwendet.

Das transaktionale Stressmodell basiert auf zwei Hauptkomponenten:

- **Primäre Bewertung (Primary Appraisal):** die Einschätzung, ob ein Ereignis als irrelevant, günstig oder stressig wahrgenommen wird
- **Sekundäre Bewertung (Secondary Appraisal):** die Einschätzung der eigenen Bewältigungsfähigkeiten und Ressourcen in Bezug auf das als stressig wahrgenommene Ereignis

Das transaktionale Stressmodell ist deswegen bedeutend, weil es betont, dass die Stresserfahrung subjektiv ist und von der individuellen Bewertung der Situation und der eigenen Fähigkeiten zur Bewältigung abhängt.

Quelle: Johannes Oberhofer / Canva

Das Stressmodell nach Hans Selye

Das Stressmodell nach Hans Selye, auch als »Allgemeines Anpassungssyndrom« (General Adaptation Syndrome, GAS) bekannt, beschreibt die Reaktion des Körpers auf andauernde Stressbelastung und gliedert sich in drei Phasen:

- Alarmreaktion
- Widerstandsphase
- Erschöpfungsphase

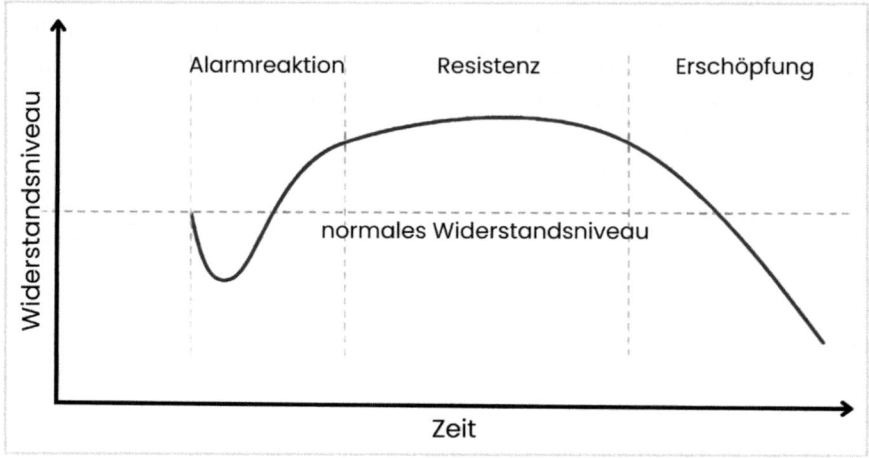

Quelle: https://www.akademie-sport-gesundheit.de/magazin/stressreaktion.html

Die Autoren Dr. Lutz Graumann et al. beschreiben die Phasen in ihrem Buch »Regeneration« sehr anschaulich:

> »In der Alarmphase sind wir kurzzeitig durch eine Art Schock in unserer Leistungsfähigkeit eingeschränkt. Davon erholen wir uns aber relativ zügig und treten dann in die Phase des Widerstandes ein. In dieser Phase sind wir aufgrund der ständigen Adrenalin- und Cortisolausschüttung für einen gewissen Zeitraum sehr leistungsfähig. Dieser Zeitraum variiert sehr stark von Mensch zu Mensch. Doch am Ende dieses Teufelskreises, wenn unsere Ressourcen erschöpft sind, bricht unser Immunsystem völlig zusammen und wir erleiden einen Zusammenbruch.«
>
> Graumann et al., 2020, S. 24

Selyes Modell betont, dass langanhaltender oder intensiver Stress ernsthafte Auswirkungen auf die körperliche Gesundheit haben kann, und es zeigt, wie wichtig es ist, Stressoren zu erkennen und zu bewältigen, um langfristige Gesundheitsschäden zu vermeiden.

Diese Modelle stellen eine wichtige Grundlage im Kontext der Stressentstehung und -bewältigung dar. In meiner Arbeit beginne ich daher stets damit, meinen Coachees ein grundlegendes Verständnis für das Energiemanagement zu vermitteln. Wie das aussieht, beschreibe ich im nächsten Kapitel.

2.4 Zusammenfassung

Die moderne Arbeitswelt hat sich durch die Digitalisierung grundlegend verändert und bringt sowohl Chancen als auch Herausforderungen mit sich. Der technologische Fortschritt betrifft alle Branchen und verändert unsere Arbeits- und Lebensweise. Dr. David Bausch beleuchtet in seinem Buch »Digitaler Stress – Schattenseiten der Digitalisierung« die Ursachen und Auswirkungen dieses Phänomens.

Eine zentrale Studie in diesem Bereich, »The Impact of Technostress on Role Stress and Productivity« von Monideepa Tarafdar (Tarafdar et al., 2007), identifiziert fünf Dimensionen digitalen Stresses: Überlastung, Entgrenzung, Komplexität, Unsicherheit und Ungewissheit. Diese Stressoren korrelieren negativ mit der Produktivität und sind eng mit Rollenstress verbunden. Die ständige Erreichbarkeit, Informationsüberflutung und neue Formen der Zusammenarbeit führen zu einer erhöhten psychischen Belastung, wie die Studie »#whatsnext – Gesund arbeiten in der hybriden Arbeitswelt« der Techniker Krankenkasse zeigt.

Mit der zunehmenden digitalen Vernetzung und der Allgegenwart von Technologien entstehen neue Herausforderungen. Mitarbeitende müssen lernen, diese Technologien zu nutzen, ohne von ihnen überwältigt zu werden. »Digitale Schulden«, wie sie Alexander Eggers beschreibt, beeinträchtigen die Kreativität und Konzentration. Der Mensch, ein analoges Wesen im digitalen Zeitalter, kämpft mit den schnellen technologischen Veränderungen, die seine psychologischen und physiologischen Grenzen zu sprengen drohen.

Das »New Normal« der Arbeitswelt umfasst flexible Arbeitsmodelle, die zwar Effizienz und Kreativität fördern können, aber auch zu Isolation und Überlastung führen. Laut dem Gallup-Report 2023 fühlen sich 40% der deutschen Arbeitnehmenden regelmäßig gestresst. Dieser Stress hat weitreichende Auswirkungen auf die Gesundheit und das Wohlbefinden der Mitarbeitenden.

Daher sind ein ganzheitlicher Ansatz und eine umfassende Betrachtungsweise erforderlich, um die Energie der Mitarbeitenden aufrechtzuerhalten. Um das Stresslevel individuell zu analysieren, bieten sich Technologien an, die zum Beispiel die Herzratenvariabilität (HRV) messen. Weiter bilden die Stressmodelle von Lazarus und Folkman sowie das von Hans Selye eine wertvolle Basis.

Hervorzuheben bleibt, dass nachhaltige Transformation nur möglich ist, wenn ausreichend Ressourcen zur Verfügung stehen. Führungskräfte und Unternehmen müssen Strategien entwickeln, die nicht nur auf äußere Einflüsse reagieren, sondern proaktiv die Veränderung gestalten und die Energie der Mitarbeitenden bewahren.[1]

2.5 Reflexion

Reflexionsfragen für Mitarbeitende	
Digitale Balance und Stressquellen	
Welche digitalen Aktivitäten oder Technologien verursachen bei mir am meisten Stress im Arbeitsalltag?	
Wie beeinflussen diese mein Wohlbefinden?	
Welche Maßnahmen kann ich ergreifen, um eine klarere Trennung zwischen Arbeit und Privatleben zu schaffen?	
Aufmerksamkeit und Konzentration	
Wie oft werde ich durch digitale Benachrichtigungen oder Multitasking während der Arbeit abgelenkt?	
Welche Schritte kann ich unternehmen, um meine Aufmerksamkeitsspanne und Konzentrationsfähigkeit zu verbessern?	

---

1   Diese Kapitelzusammenfassung wurde mithilfe der generativen KI ChatGPT 4o erstellt.

Reflexionsfragen für Führungskräfte	
Vorbildfunktion und Selbstfürsorge	
Wie gehe ich selbst mit digitalem Stress um?	
Bin ich ein gutes Vorbild für mein Team in Bezug auf die Nutzung digitaler Technologien und die Pflege der eigenen mentalen Gesundheit?	
Unterstützung und Ressourcen	
Wie gut unterstütze ich mein Team dabei, mit digitalem Stress umzugehen?	
Wie kommuniziere ich die Erwartungen an die Erreichbarkeit und den Umgang mit digitalen Tools in meinem Team?	
Welche Ressourcen oder Trainingsprogramme kann ich bereitstellen, um meinem Team den Umgang mit digitalen Technologien zu erleichtern?	

Reflexionsfragen für Organisationen	
Arbeitskultur und digitale Gesundheit	
Inwieweit fördert unsere Unternehmenskultur den gesunden Umgang mit digitalen Technologien?	
Wie gestalten wir unsere Richtlinien zur Erreichbarkeit und flexiblen Arbeit, um das mentale Wohlbefinden unserer Mitarbeitenden zu unterstützen?	

Reflexionsfragen für Organisationen	
Technologische Infrastruktur und Schulungen	
Bieten wir ausreichend Schulungen und Unterstützung für Mitarbeitende an, um es ihnen zu ermöglichen, effektiv und gesund mit digitalen Tools umzugehen?	
Wie können wir unser Schulungsangebot verbessern?	

2.6 Power-Strategien

Power-Strategien

Für Mitarbeitende

- Reduzierung digitaler Ablenkungen
  Implementiere feste Zeiten für das Überprüfen von E-Mails und Benachrichtigungen, um kontinuierliche Ablenkungen zu vermeiden (siehe Kapitel 5 »Energie sparen«)
- Gesunde Routinen
  Entwickle gesunde Routinen, um Arbeits- und Privatleben nachhaltig miteinander zu verbinden (siehe Kapitel 4 »Energie aufladen« und Kapitel 5 »Energie sparen«)

Für Führungskräfte

- Förderung einer gesunden digitalen Kultur
  Entwickle Richtlinien, die den gesunden Umgang mit digitalen Technologien im Team fördern.
- Vorbild für digitales Wohlbefinden sein
  Werde ein Vorbild im Umgang mit digitalem Stress und Selbstfürsorge.

Für Organisationen

- Implementierung von Trainingsprogrammen
  Bietet umfassende Schulungsprogramme an, um Mitarbeitende im Umgang mit digitalen Tools und im Stressmanagement zu unterstützen.
- Förderung einer ausgewogenen Arbeitskultur
  Entwickelt eine Unternehmenskultur, die Energie gibt und die Herausforderungen der modernen Arbeitswelt ganzheitlich betrachtet
  (gern mit unserer Hilfe: www.decode-forward.com oder unter www.aufladenstattausbrennen.de)

3   Energie im Arbeitskontext – Grundlagen

Wenn in Unternehmen oder auch in der Politik über das Thema Nachhaltigkeit oder schonender Umgang mit Ressourcen gesprochen wird, dreht es sich in den allermeisten Fällen um Umweltschutz, nachhaltige Produkte und Dienstleistungen oder um soziale Verantwortung. Um ein nachhaltiges Energiemanagement in Bezug auf die körperliche und mentale Energie von Mitarbeitenden geht es dabei nur selten.

Damit übersehen Unternehmensverantwortliche jedoch einen wichtigen Bereich, der ihrem Unternehmen Marktvorteile bringen und seine Zukunftsfähigkeit sichern kann. Das haben die bisher zitierten Studien deutlich gezeigt. In den Transformationsprojekten, die ich begleite, stelle ich immer wieder fest, dass die Bereitschaft, mit einem *grünen Akku* in den Transformationsprozess zu starten, oft nicht gegeben ist – diesen Eindruck bestätigen auch aktuelle Studien.

Der AOK-Fehlzeitenreport 2023 (AOK, 2023) verdeutlicht, dass sich der mentale Akku zahlreicher Beschäftigter in Deutschland eher im orangen oder sogar im roten Bereich befindet. Die daraus resultierenden Beschwerden reichen von Erschöpfung und anhaltender Müdigkeit bis hin zu intensiven Gefühlen von Wut und Frustration sowie einer spürbaren Lustlosigkeit und einem Mangel an Motivation im Arbeitsalltag.

> »Viele Arbeitnehmerinnen und Arbeitnehmer in Deutschland klagen über psychische Belastungen im Zusammenhang mit ihrer Arbeit. Als Beschwerden nannten laut der Studie rund 78 Prozent Erschöpfung, 75 Prozent Wut sowie Verärgerung und 66 Prozent Lustlosigkeit.«
>
> Tagesschau, 2023

Mit Blick auf die Entwicklungen im Bereich künstliche Intelligenz zeigt sich auch hier, dass Mitarbeitende nur unzureichend auf die Veränderung vorbereitet sind, obwohl Unternehmensverantwortliche eine Disruption durch KI in ihren Unternehmen erwarten (Kearney, o. J.). Um das Bild des ferngesteuerten Autos aufzugreifen: Mit einem *leeren Akku* in der Belegschaft wird es nicht einfach, die Herausforderungen der Zukunft agil zu meistern und die Chancen technologischer Veränderung proaktiv zu nutzen.

In diesem Kapitel widme ich mich daher dem Thema Energiemanagement und stelle einige Methoden zur Analyse des Energielevels im Team und Strategien vor, die beim Energiemanagement helfen – individuell und im Team.

3.1 Energie verstehen

Jeder Mensch unterliegt einem ständigen Wechsel aus Energiehochs und Energietiefs. Bestimmt ist dir auch schon aufgefallen, dass die Arbeit dir phasenweise leicht und ohne großen Energieaufwand von der Hand geht, während es wiederum Phasen im Alltag gibt, in denen du ewig an einer Aufgabe sitzt, ohne auch nur den kleinsten Fortschritt zu erreichen.

Die Wissenschaft, die sich mit diesem Thema befasst, ist die Chronobiologie. Im Jahr 2017 ging der Medizin-Nobelpreis an drei Chronobiologen – Jeffrey C. Hall, Michael Rosbash und Michael W. Young aus den USA. Mit ihrem Bunker-Experiment gelang ihnen die *Entschlüsselung der inneren Uhr*, womit sie die Chronobiologie endgültig als neue Wissenschaft etablierten. Ihre Entdeckungen haben weitreichende Implikationen, nicht nur für die Wissenschaft der Chronobiologie, sondern auch für die Medizin – insbesondere im Hinblick auf gesundheitliche Probleme, die durch Schlafstörungen oder Schichtarbeit entstehen und mit der biologischen Uhr zusammenhängen.

In seinem Buch »Die Intervall-Woche« beschreibt Lothar Seiwert, wie Energieintervalle eng mit den natürlichen Rhythmen und Zyklen unseres Körpers verbunden sind. Jede unserer Zellen folgt spezifischen inneren Taktsystemen. Seiwert, ein renommierter deutscher Autor und führender Experte für Zeit- und Selbstmanagement, erklärt, dass unser Körper über zahlreiche innere Uhren verfügt, wobei eine zentrale Uhr im Gehirn besonders wichtig ist.

Diese »Hauptuhr« befindet sich im suprachiasmatischen Nukleus (SCN), einer Ansammlung von Nervenzellen oberhalb der Sehnervenkreuzung. Der SCN arbeitet autonom und folgt einem etwa 24-stündigen Zyklus. Diese zentrale Uhr sendet Signale an den gesamten Körper und reguliert dessen Funktionen über verschiedene Mechanismen wie Nervenbahnen, das autonome Nervensystem und hormonelle Wege.

Die aus meiner Sicht im Arbeitskontext relevantesten zwei Rhythmen sind der zirkadiane Rhythmus und der ultradiane Rhythmus.

Zirkadianer Rhythmus
Der zirkadiane Rhythmus ist ein 24-Stunden-Rhythmus, der sich etwa auch mit dem Schlaf-Wach-Rhythmus beim Menschen deckt.

Die zirkadiane Uhr wird primär durch Licht reguliert. Lichtsignale, die durch die Netzhaut des Auges aufgenommen werden, beeinflussen den SCN, der dann verschiedene Körperfunktionen über nervale und hormonelle Wege steuert. So unterdrückt Licht beispielsweise die Produktion von Melatonin – dem »Schlafhormon«, das bei Dunkelheit ausgeschüttet wird und hilft, den Schlaf zu regulieren. Hingegen hat der

Gegenspieler Cortisol, bekannt als »Stresshormon«, typischerweise in den frühen Morgenstunden einen Anstieg, was zur Förderung der Wachheit beiträgt.

Störungen des zirkadianen Rhythmus, wie sie bei Schichtarbeit, Jetlag oder durch unregelmäßige Schlafmuster entstehen, können zu verschiedenen Gesundheitsproblemen führen, darunter Schlafstörungen, Depressionen, Herz-Kreislauf-Erkrankungen und Stoffwechselerkrankungen wie Diabetes. Zudem können kognitiven Funktionen dadurch beeinträchtigt sein.

Ein gut synchronisierter zirkadianer Rhythmus ist entscheidend für die allgemeine Gesundheit und das Wohlbefinden. Doch gerade durch die heute üblichen, von Technologie geprägten Arbeitsumgebungen und die zunehmend digitale Kommunikation ist diese Synchronisation oft gestört. Unregelmäßige Bettgehzeiten, eine reduzierte Exposition gegenüber natürlichem Licht während des Tages oder eine zunehmende Dosis blauen Lichts durch eine erhöhte Screen-Time auch noch am späten Nachmittag stören unseren inneren Taktgeber und entziehen unserem Körper Energie – in der Wissenschaft spricht man hier von »sozialem Jetlag«.

Die Auswirkungen der Arbeitswelt 4.0 auf den zirkadianen Rhythmus untersuchen immer mehr wissenschaftliche Arbeiten.

Forschungen haben gezeigt, dass die Exposition gegenüber dem blauen Licht von Bildschirmen, besonders am Abend, die Melatoninproduktion unterdrücken kann. Dies verzögert den Schlafbeginn und kann den zirkadianen Rhythmus stören (UC Davis Health, 2022).

Wittmann et al. (2006) untersuchten die sozialen Jetlags, die entstehen, wenn die Arbeitszeiten nicht mit den natürlichen zirkadianen Rhythmen der Arbeitnehmer übereinstimmen, und fanden heraus, dass dies zu Schlafstörungen und reduzierter Leistungsfähigkeit führen kann.

Die Forschungen von Gloria Mark et al. (2012) befassen sich damit, wie Telekommunikationswerkzeuge und das ständige Online-Sein die Arbeitsrhythmen und die Work-Life-Balance beeinflussen können. Die Erkenntnis: Auch der »Dauerkommunikationsmodus« kann Stress verursachen und die zirkadianen Rhythmen beeinträchtigen.

Diese Studien verdeutlichen die vielfältigen Herausforderungen und potenziellen negativen Auswirkungen der Digitalisierung und der Arbeitswelt 4.0 auf die zirkadianen Rhythmen von Arbeitnehmenden. Die Forschung legt nahe, dass Unternehmen bewusste Anstrengungen unternehmen sollten, um Arbeitsumgebungen zu schaffen, die die biologischen Rhythmen der Mitarbeitenden unterstützen.

Ultradianer Rhythmus

Der ultradiane Rhythmus hingegen beschreibt Zyklen, die kürzer als ein Tag sind und mehrfach am Tag stattfinden. Unterschiedliche Studien weisen darauf hin, dass diese Zyklen bei Menschen ca. 90 bis 120 Minuten dauern.

In einer Studie von Carskadon und Dement (2011) wurde festgestellt, dass der menschliche Schlafzyklus, der zwischen REM- und Nicht-REM-Schlafphasen wechselt, typischerweise eine Länge von etwa 90 bis 120 Minuten hat.

Schon in den 1950er Jahren entdeckte der Schlafforscher Nathaniel Kleitman, dass der menschliche Körper einen Zyklus von 90 bis 120 Minuten durchläuft – vom Tag unserer Geburt bis zum Tag unseres Todes. Er nannte dies den »grundlegenden Ruhe-Aktivitäts-Zyklus«.

In der Praxis können ultradiane Rhythmen genutzt werden, um die Leistungsfähigkeit zu optimieren: Aktivitäten, die Konzentration erfordern, werden zeitlich auf Phasen hoher Energie abstimmt und Zeiten zum Aufladen in Phasen geringerer Energie gelegt. In Arbeits- und Lernumgebungen kann das Wissen um ultradiane Rhythmen dazu beitragen, die Produktivität und das allgemeine Wohlbefinden zu steigern. Die Forschungsergebnisse zum zirkadianen und ultradianen Rhythmus ermöglichen ein besseres Verständnis dafür.

Energieprofil

In meinen Coachings mit einer Vielzahl von Mitarbeitenden aus unterschiedlichen Branchen und Unternehmensbereichen habe ich immer wieder festgestellt, dass es vielen von ihnen im hektischen Alltag schwerfällt, ein Gefühl für ihr persönliches Energielevel zu entwickeln. Zwischen dem Einhalten von Terminfristen, hybrider Zusammenarbeit, Kundenprojekten und privaten Verpflichtungen fehlt vielen schlicht die Zeit, sich über ihr Energielevel Gedanken zu machen. Doch ohne einen regelmäßigen Blick auf den persönlichen Akkustand kann es schnell passieren, dass dieser unbemerkt in den orangen oder roten Bereich abfällt.

In der Praxis hat es sich bewährt, zu Beginn eines Coachings oder eines Team-Workshops das individuelle Energieprofil der Beteiligten zu visualisieren.

Dieses Vorgehen hilft dabei, ein besseres Verständnis für die individuellen Energiehochs und -tiefs im Team zu erhalten, und ist die Grundlage für nachhaltiges und energiegebendes Arbeiten. Die Teammitglieder erkennen, zu welchen Zeiten sie – bzw. ihre Kolleginnen und Kollegen – natürlicherweise mehr oder weniger Energie haben, und können ihren Tagesablauf besser planen – von der optimalen Zeit für geistige und körperliche Aktivitäten bis hin zur Planung gemeinsamer Meetings.

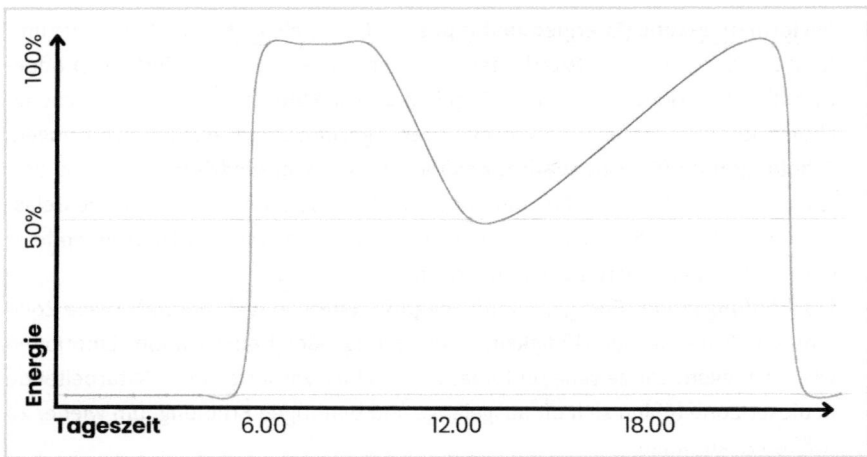

Quelle: Johannes Oberhofer / Canva

Energiezonen

Eine weitere wichtige Grundlage, um Energie zu verstehen, stellt das theoretische Circumplex-Modell der Affekte von James Russel dar. Es beschreibt, dass wir im Alltag regelmäßig durch verschiedene emotionale Phasen gehen, und stellt Emotionen in einem zweidimensionalen Raum dar, um die Beziehungen zwischen verschiedenen affektiven Zuständen zu verdeutlichen. Die beiden Dimensionen dieses Modells sind Valenz und Erregung (Posner et al., 2005).

Im Konzept HRM und in Bezug auf den Arbeitskontext nenne ich diese Dimensionen »Energiequalität« und »Energielevel«:

- **Energiequalität (waagerecht):** Diese Achse reicht von negativ bis positiv und zeigt, wie angenehm oder unangenehm eine Emotion ist. Eine positive Energiequalität steht für angenehme Gefühle wie Freude oder Zufriedenheit, während eine negative Energiequalität unangenehme Gefühle wie Traurigkeit oder Angst umfasst.
- **Energielevel (senkrecht):** Diese Achse reicht von niedrig bis hoch und misst das Energielevel, das mit einer Emotion verbunden ist. Eine hohes Energielevel steht für energische oder aufgeregte Zustände wie Wut oder Begeisterung, während ein niedriges Energielevel für ruhige oder entspannte Zustände wie Gelassenheit oder Langeweile steht.

Darauf basierend lassen sich für den Arbeitskontext vier Zonen ableiten:

- **Überlebenszone (Energiequalität negativ, Energielevel hoch):** Diese Zone umfasst Zustände, in denen Mitarbeitende gestresst, ängstlich oder wütend sind. Diese hohen Erregungszustände sind unangenehm und können auf Druck, Konflikte oder dringende Deadlines zurückzuführen sein. In dieser Zone sind Mitarbeitende oft damit beschäftigt, Herausforderungen zu bewältigen und ihre emotionale Reaktion zu kontrollieren.

- **Performance-Zone (Energiequalität positiv, Energielevel hoch):** Diese Zone umfasst Zustände, in denen Mitarbeitende sich enthusiastisch, motiviert und produktiv fühlen. Emotionen wie Freude, Begeisterung und Stolz sind hier vorherrschend. Mitarbeitende in dieser Zone sind oft in der Lage, ihre beste Leistung zu erbringen.
- **Erholungszone (Energiequalität positiv, Energielevel niedrig):** Diese Zone umfasst Zustände der Ruhe, Entspannung und Zufriedenheit. Emotionen wie Gelassenheit, Zufriedenheit und Erholung sind hier vorherrschend. Mitarbeitende in dieser Zone regenerieren sich und tanken neue Energie.
- **Erschöpfungszone (Energiequalität negativ, Energielevel niedrig):** Diese Zone umfasst Zustände der Müdigkeit, Erschöpfung oder Demotivation. Emotionen wie Traurigkeit, Langeweile und Apathie sind hier vorherrschend. Mitarbeitende in dieser Zone fühlen sich oft ausgelaugt und benötigen Erholung, um wieder zu Kräften zu kommen.

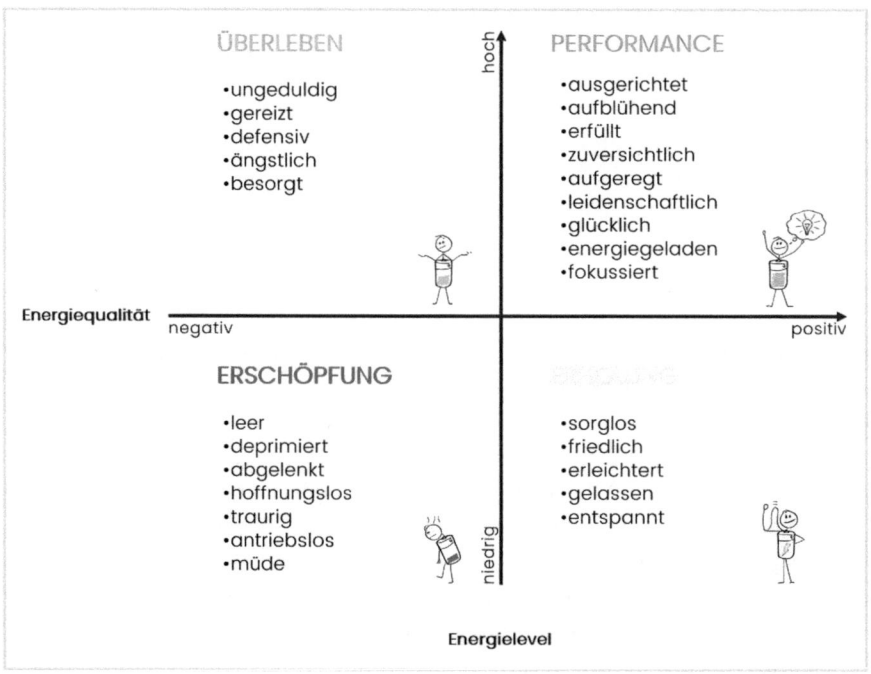

Quelle: Johannes Oberhofer / Canva

Diese Darstellung hilft Menschen und Organisationen, den Zusammenhang zwischen Energiequalität und Energielevel besser zu verstehen. Dabei ist es vollkommen normal, dass wir diese unterschiedlichen Zonen regelmäßig durchlaufen. Allerdings zeigen die bereits genannten Studien, dass sich viele Mitarbeitende zunehmend in den Zonen *Überleben* und *Erschöpfung* aufhalten – die sich daraus ergebenden Folgen wurden bereits beschrieben.

Für jedes Individuum ist es daher ratsam, Strategien und Techniken zu entwickeln, die dabei helfen zu erkennen, in welcher Zone es sich gerade befindet, und die ein langes Verweilen in den Zonen *Überleben* und *Erschöpfung* vermeiden.

Organisationen sollten ein grundsätzliches Interesse daran haben, Arbeitsumgebungen und Formen der Zusammenarbeit zu entwickeln, die es Mitarbeitenden ermöglichen, sich regelmäßig in den Zonen *Performance* und *Erholung* aufzuhalten.

Wie es nachhaltig gelingen kann, Energie zu managen und im Team zu messen, beschreibe ich in den folgenden Abschnitten.

3.2 Energie managen

Die Grundlage für mehr Energie im Arbeitskontext ist es, zu überlegen und zu analysieren, was mir oder meinem Team Energie gibt – oder Energie raubt. In diesem Kontext spreche ich daher von Energie-Killern und Performance-Boostern, denn genau diese Wirkung hat das entsprechende Verhalten oder eine Arbeitsumgebung auf den Organismus.

Das Leben und Arbeiten in einer schnellen, digitalen und von technologischen Innovationen geprägten Welt bringt viele Herausforderungen, aber auch Chancen mit sich, gesünder und energiegeladener zu arbeiten. Aber wessen Verantwortung ist es, für eine energiegebende Arbeitsumgebung zu sorgen?

Im Dialog mit Mitarbeitenden und Unternehmensverantwortlichen erlebe ich immer wieder ein Pingpongspiel, wenn es um die Verantwortung und das Managen der körperlichen und mentalen Energie am Arbeitsplatz geht.

Die Erfahrung aus zahlreichen Einzelcoachings und Workshops in Unternehmen zeigt jedoch, dass die beste Wirkung erreicht wird, wenn Energiemanagement von beiden Seiten betrieben wird. Daher möchte ich an dieser Stelle sowohl auf den Bereich Selbstfürsorge als auch auf die Rolle von Führungskräften und Personalverantwortlichen sowie Unternehmen eingehen. Wenn das Engagement von beiden Seiten kommt, besteht die größte Chance für die Entwicklung und Etablierung einer energiegebenden Arbeitskultur.

Jeder Mensch trägt die Verantwortung für einen gesunden, nachhaltigen, energieschonenden Umgang mit dem eigenen Körper. Gleichzeitig nehmen Führungskräfte, Personalverantwortliche und Unternehmen eine wichtige Rolle dabei ein, für eine energiegebende Arbeitsumgebung zu sorgen und ihre Teams im Blick zu behalten.

Selbstfürsorge und Achtsamkeit

Ein selbstfürsorglicher und nachhaltiger Umgang mit dem eigenen Körper und der eigenen Energie setzt das Wissen darum voraus, was dem Körper Energie gibt und was wiederum dafür sorgt, dass Energie verloren geht. Dabei sollte stets das eigene Verhalten – Gewohnheiten und Routinen – selbstkritisch hinterfragt werden.

Wenn wir einen besseren Blick und eine bessere Wahrnehmung für das eigen Energielevel entwickeln, fördert dies nicht nur unsere Gesundheit, sondern wir lernen dabei gleichzeitig, achtsamer auf die Energie der Teammitglieder zu schauen.

In meinen Interventionen mit Mitarbeitenden und Teams ist der erste Schritt daher immer, ein besseres Bewusstsein und Verständnis für die persönlichen Energie-Killer und Performance-Booster zu entwickeln. Mit Rückblick auf die Stressmodelle ist dies ein wichtiger Schritt im Umgang mit Stress und hilft dabei, die Zusammenarbeit zu verbessern.

Um eine bessere Selbstwahrnehmung zu entwickeln, hilft es vielen Menschen, die beiden Bereiche zu visualisieren. Denn eine verbesserte Selbstwahrnehmung im digitalen Zeitalter ist ein zunehmend wichtiges Thema, da technologisch gestützte Formen der Zusammenarbeit und soziale Medien ein fester Bestandteil unseres täglichen Lebens und Arbeitens geworden sind.

Quelle: Johannes Oberhofer / Canva

Technologie hat nicht nur Einfluss darauf, wie wir mit anderen interagieren, sondern auch darauf, wie wir uns selbst sehen. Wenn wir ein besseres Verständnis darüber erlangen, welches Verhalten dazu beiträgt, unserem Körper Energie zu geben, können wir damit beginnen, dieses Verhalten in unsere täglichen Routinen und Abläufe zu integrieren.

In der Zeit in meinem ersten Unternehmen habe ich erlebt, dass es vielen Menschen schwerfällt, ihre Gewohnheiten zu verändern. Gleichzeitig hatten viele von ihnen den Wunsch, mehr Energie für Arbeit und Leben zu bekommen.

Aussagen wie »*Hannes, das schaffe ich doch nie, das alles umzusetzen*« habe ich in der Vergangenheit nur zu oft gehört und mich dabei immer wieder gefragt, warum es Menschen und Organisationen so schwerfällt, etwas zu verändern. Mein Learning daraus: Der Weg zur Veränderung wird oft als »*ganz oder gar nicht*« betrachtet.

Der Weg zur Veränderung wird oft als »ganz oder gar nicht« betrachtet.

Dies wiederum führt sowohl individuell als auch organisational dazu, dass der erste Schritt nicht gemacht wird und großartige Initiativen noch vor Beginn wieder eingestampft werden – Innovation ade.

Praxis

Um den Weg und die Auswirkungen der Veränderung motivierend und greifbarer zu gestalten, hat sich im Sport-Coaching von Einzelpersonen eine Übung sehr bewährt, die auch wunderbar in das Coaching von Mitarbeitenden im den Arbeitskontext übertragen werden kann – eine Zustandsanalyse anhand eines Energy-Statements.

Die Basis dieser Herangehensweise stammt aus dem Coaching-Ansatz von EXOS-Gründer Mark Verstegen und wird im Buch »Jeder Tag zählt« beschrieben (Verstegen/Willams, 2015).

Für die Zustandsanalyse wird im Vorfeld ein Energy-Statement formuliert, das den gewünschten Zustand der Veränderung in wenigen Worten beschreibt. Man könnte auch sagen, es wird dabei der Antrieb für die Veränderung formuliert.

Am Beispiel der Entgrenzung zwischen Privat- und Berufsleben könnte eine Formulierung des Energy-Statements zum Beispiel lauten: »Balance zwischen Arbeit und Privatleben« oder noch stärker »Klare Trennung von Lebensbereichen«.

Die Formulierung des Energy-Statements ist bewusst kurz und prägnant, um es im Verlauf der Veränderung immer wieder wie eine Art Mantra verinnerlichen zu können. Der Weg zum persönlichen Energy-Statement darf gern etwas mehr Zeit in Anspruch nehmen und sich über mehrere Iterationen erstrecken. Je klarer und konkreter das Statement formuliert ist, desto mehr Wirkung hat es auf den gewünschten Prozess der Veränderung.

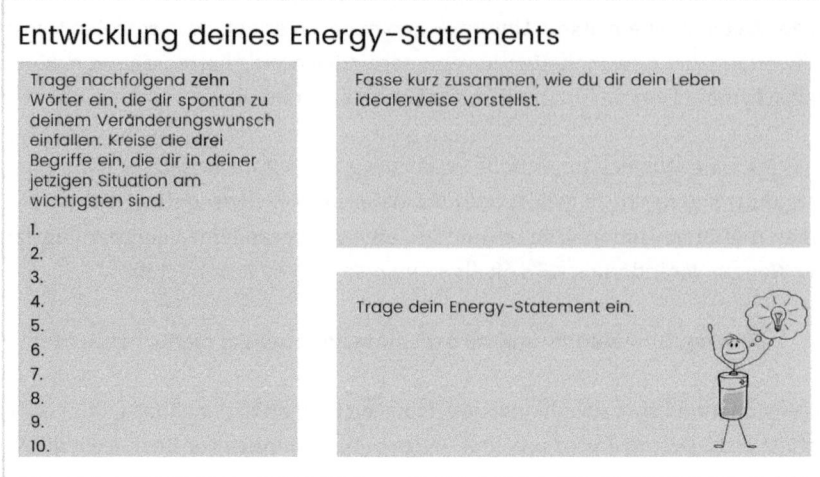

Quelle: Johannes Oberhofer / Canva

Ist das Energy-Statement formuliert, geht es an die Zustandsanalyse. Hier werden auch gleich die jeweiligen Vor- und Nachteile betrachtet: Wie ist meine Situation, wenn alles so bleibt, wie es gerade ist? Und was geschieht, wenn sich etwas verändert?

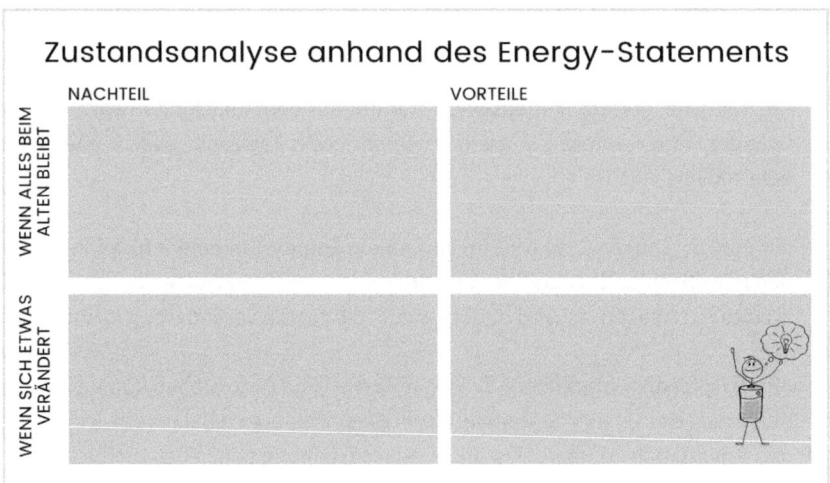

Quelle: Johannes Oberhofer / Canva

Mithilfe dieser Visualisierung kann jetzt der Kasten links oben mit dem Kasten rechts unten verglichen werden. Wenn das gegenwärtige Leben dem Idealbild, das im Energy-Statement formuliert wurde, nicht entspricht, kann der Kontrast zwischen Ist- und Soll-Zustand gewaltig sein.

Du findest die beiden Bogen zur Erarbeitung des Energy-Statements auch unter: www.aufladenstattausbrennen.de

Diese Übung ist für viele Menschen hilfreich, um das Ziel der Veränderung greifbar zu machen. So fällt es ihnen leichter, die eigenen Gewohnheiten und Routinen zu optimieren.

In meinen Interventionen hat sich eine Herangehensweise anhand des *Tiny-Habits-Prinzips* als sehr praktikabel erwiesen, das von Dr. B. J. Fogg, einem Verhaltenswissenschaftler an der Stanford University, auf Basis des Fogg Behavior Model (FBM) entwickelt und in seiner Forschungsarbeit »A behavior model for persuasive design« untersucht wurde (Fogg, 2009). Dr. Fogg erklärt, dass ein Verhalten nur dann entsteht, wenn drei Elemente zusammenkommen: Motivation, Fähigkeit und ein Auslöser (Trigger).

Das Fogg Behavior Model liefert damit das theoretische Fundament, auf dem das Tiny-Habits-Konzept aufbaut. Es basiert auf der Idee, dass das Ändern von Verhaltensweisen einfacher wird, wenn man mit sehr kleinen Gewohnheiten beginnt. Diese kleinen Gewohnheiten sollten so einfach sein, dass man sie sich ohne großen Aufwand oder Widerstand aneignen kann. Das Ziel ist es, sie in den Tagesablauf zu integrieren, um positive Veränderungen langfristig zu etablieren.

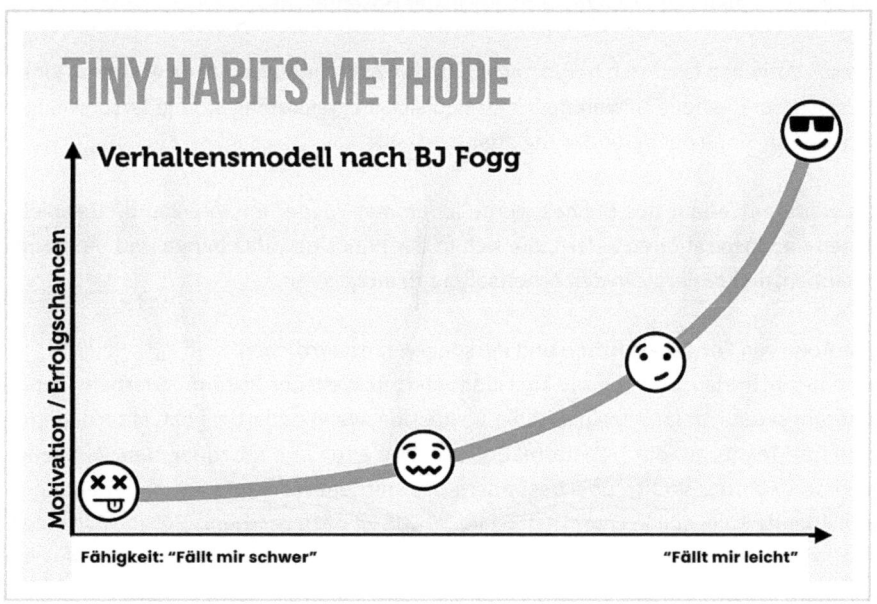

Quelle: https://karrierebibel.de/tiny-habits/

Auch Modelle wie die 1%-Methode von James Clear verfolgen einen ähnlichen Ansatz. Die 1%-Methode basiert auf der Idee, dass kleine, kontinuierliche Verbesserungen zu signifikanten Ergebnissen über die Zeit führen können. Im Buch »Atomic Habits«

(dt. »Die 1%-Methode – Minimale Veränderung, maximale Wirkung«) von James Clear wird diese Methode genauer beschrieben (Clear, 2018).

In über 15 Jahren Coaching hat sich gezeigt, dass diese Methoden besonders für Einzelpersonen hervorragend funktionieren, da das Gesamtausmaß der Veränderung in kleine und vor allem gut in den Alltag integrierbare Schritte teilt. Ein für die Arbeit und das Leben sehr praktische Herangehensweise aus dem Tiny-Habits-Prinzip stellt das Koppeln von Gewohnheiten da. Der Grundgedanke ist dabei, sich eine regelmäßig stattfindende Gewohnheit aus dem Alltag zu nehmen und daran neue, energiegebende Gewohnheiten zu koppeln.

Ist es beispielsweise der Wunsch, mehr Bewegung in den Arbeitsalltag zu integrieren, könnte das Beenden oder Starten eines virtuellen Meetings der Trigger beziehungsweise die Gewohnheit sein, an die eine neue Gewohnheit gekoppelt werden kann: Immer, wenn ein Meeting endet, verändere ich meine Arbeitsposition.

Ist es das Ziel, soziale Kontakte und die Kommunikation zu fördern, könnte eine Routine wie folgt aussehen: Immer, wenn ich mit meinen Kollegen und Kolleginnen zum Mittagessen gehe, lasse ich mein Handy in der Hosentasche.

Dieses Vorgehen lässt sich hervorragend in den Alltag integrieren, da es immer einen Auslöser für die neue Gewohnheit gibt und sich so gleichzeitig ein niederschwelliger Einstieg im Sinne der Veränderung ergibt.

Im weiteren Verlauf des Buches werde ich immer wieder entsprechende Beispiele, Ideen und Inspirationen liefern, die sich in der Praxis bewährt haben und die es uns erlauben, mehr Energie in den Arbeitsalltag zu integrieren.

Die Rolle von Führungskräften und Personalverantwortlichen
In einer hybriden und remote-first-dominierten Welt der Zusammenarbeit stehen Führungskräfte oft im Mittelpunkt der Diskussion, wenn es darum geht, Mitarbeitende und ihre Teams auf die Transformation vorzubereiten und mitzunehmen. Zweifellos nehmen Führungskräfte und besonders das mittlere Management dabei eine entscheidende Rolle ein. In einem Artikel im FOKUS ist dazu zu lesen: »Gerade Führungskräfte spielen bei der Umsetzung eines solchen Kulturwandels im Unternehmen eine wichtige Rolle.« (Henrich, 2023)

Doch viele Führungskräfte, mit denen ich zusammenarbeite, stehen vor der ständigen Herausforderung, das Energielevel ihrer Teams im Auge zu behalten, die Teammitglieder als Vorbild zu inspirieren und für ein energiegebendes Arbeitsumfeld zu sorgen – und gleichzeitig eigene Kundenprojekte zu betreuen.

Die Wahrscheinlichkeit, dass den Führungskräften selbst dabei die Energie ausgeht, ist enorm hoch – was ich in der Praxis und im Coaching auch immer wieder festgestellt habe. Das bestätigt auch eine internationale Studie des Future Forum. Laut dieser Studie fühlen sich weltweit 40 % der Führungskräfte ausgebrannt, in Deutschland sind es 32 % (Future Forum, 2022).

Führungskräfte fühlen sich ausgebrannt:

Weltweit 40%

Deutschland 32%

Quelle: Future Forum, 2022

Wenn der eigene Akku leer ist, ist es auf Dauer nicht möglich, ein Team zu inspirieren. Diesen Trend spiegelt auch eines der Topergebnisse aus der Studie »The State of Organizations 2023« des Beratungsunternehmens McKinsey & Company. Hier gibt nur ein Viertel der Befragten an, dass die Führungskräfte in ihrer Organisation engagiert und passioniert seien und ihre Mitarbeitenden inspirierten (McKinsey & Company, 2023).

Nur ein Viertel der befragten Arbeitnehmenden halten ihre Führungskräfte für engagiert, passioniert und in der Lage, ihre Mitarbeitenden zu inspirieren.

Auch Führungskräfte sind Menschen und tragen daher die Verantwortung für den Umgang mit den eigenen Ressourcen – eine Grundvoraussetzung für das Gelingen einer nachhaltigen Transformation. Daher setze ich auch im Coaching mit Führungskräften zunächst an der Identifizierung persönlicher Energie-Killer und Performance-Booster sowie der Entwicklung eines Energy-Statements an.

Lohnende Investition

Die Investition in ein Energy-Coaching lohnt sich – denn nur mit einem vollen Akku auf Führungsebene gelingt das nachhaltige Managen der Ressourcen im Team.

Zum Managen der eigenen Energie gesellt sich für viele Führungskräfte das Problem, dass sie einige ihrer Teammitglieder kaum noch in Präsenz sehen. Da ist es schwer einzuschätzen, wie es um deren Energielevel bestellt ist.

Umso wichtiger ist es, dass Führungskräfte ihr Skill-Set regelmäßig erweitern, ihr Führungsverhalten reflektieren und an die Anforderungen neuer Formen der Zusammenarbeit anpassen. Assessment-Tools können dabei helfen, die Stimmung und die Energie im Team wahrzunehmen und zu analysieren, um darauf abgestimmt Maßnahmen einzuleiten.

Im digitalen Zeitalter haben sich Führungsstile stark weiterentwickelt, um den neuen Herausforderungen und Dynamiken der Arbeitswelt gerecht zu werden. Moderne Führungskräfte zeichnen sich durch Flexibilität, digitale Kompetenz und ein hohes Maß an der Orientierung an den Mitarbeitenden aus. Ich persönlich sehe Führungskräfte im digitalen Zeitalter wie Coaches eines Profi-Sport-Teams – mit dem großen Unterschied, dass die meisten Führungskräfte im Unternehmen keinen erweiterten Stab aus Erholungsexpertinnen und -experten an ihrer Seite haben.

Coaching-Fähigkeiten sind in der digitalen Ära daher nicht nur wünschenswert, sondern essenziell für Führungskräfte. Sie erlauben es ihnen, ihre Teams durch Veränderungen zu navigieren, die persönliche Entwicklung der Teammitglieder zu fördern und eine Kultur proaktiver Resilienz und Innovation zu unterstützen. In allen modernen Führungsstilen wird ein starker Fokus auf diese Skills gelegt, da sie die Grundlage für effektive und adaptive Führung bilden.

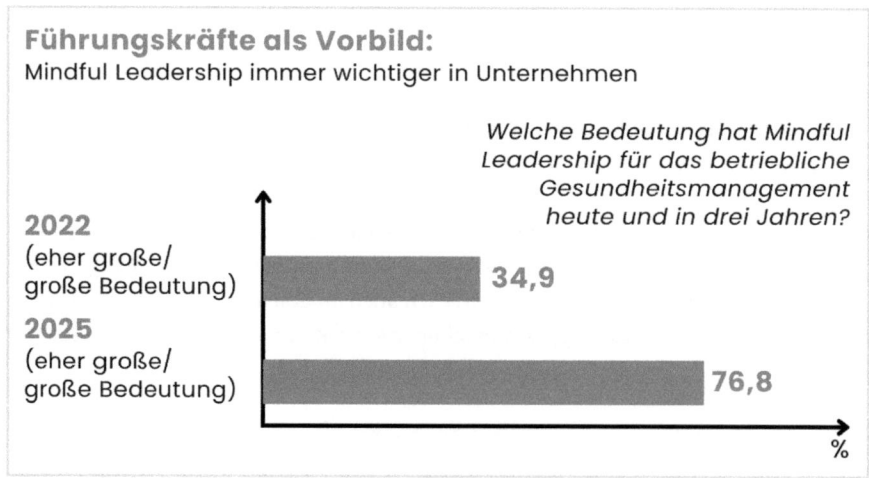

Führungskräfte als Vorbild:
Mindful Leadership immer wichtiger in Unternehmen

Welche Bedeutung hat Mindful Leadership für das betriebliche Gesundheitsmanagement heute und in drei Jahren?

2022
(eher große/
große Bedeutung) 34,9

2025
(eher große/
große Bedeutung) 76,8

%

Quelle: https://www.tk.de/presse/mediathek/veranstaltungen-tk/studie-whatsnext-2145338

Wie bei jedem Individuum, das dabei ist, sich zu verändern, sollte auch von einer Führungskraft nicht erwartet werden, dass sie diese Coaching-Skills von heute auf morgen in ihren Führungsbaukasten integriert – sie muss diese schrittweise und mit einem veränderungsbereiten Mindset aufbauen.

Doch nicht nur Führungskräfte, sondern auch Personalverantwortliche stehen vor dem Problem, nicht genügend Zeit für die Entwicklung von Personal und von Strategien zur Verfügung zu haben. Das zeigt die Personio HR-Studie aus dem Jahr 2022 (Personio, 2022). Hier geben 59 % der Personalverantwortlichen an, nicht genügend Zeit dafür zu haben, die Personalentwicklung so zu gestalten, wie sie es gern hätten, und 55 % sagen, dass Verwaltungsaufgaben sie davon abhalten, Zeit in strategischere Aufgaben zu investieren.

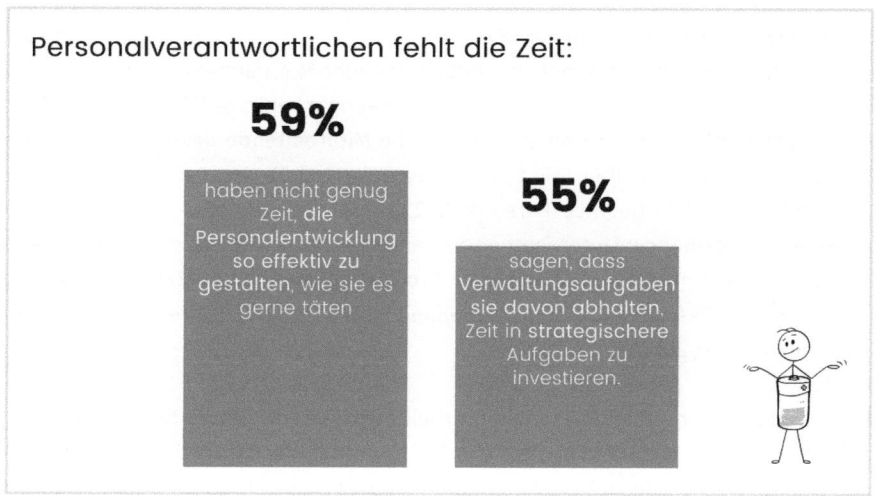

Quelle: Personio, 2022

Diese Zahlen sollten Unternehmen dazu motivieren, die Wichtigkeit der Rolle von Führungskräften und Personalverantwortlichen zu erkennen und die Aufgabenverteilung zu überdenken. Und auch über ein Upskilling auf dieser Ebene sollte nachgedacht werden.

In diesem Buch finden Führungskräfte und Personalverantwortliche Methoden und Werkzeuge, die ihnen dabei helfen, ihre Skills schrittweise aufzubauen.

Rolle des Unternehmens
Wenn es um die mentale Gesundheit am Arbeitsplatz und die Energie im Team geht, tragen auch Unternehmen eine große Verantwortung und gesellschaftliche Vorbildrolle. Ich möchte an dieser Stelle aber weniger auf die arbeitsrechtlichen Pflichten von Unternehmen eingehen, sondern vielmehr auf die positiven Effekte, die sich ergeben, wenn Unternehmen proaktiv für eine energiegebende Arbeitsumgebung sorgen.

Unterschiedliche Studien bestätigen die positiven Effekte, die sich für Unternehmen ergeben, wenn Mitarbeitende mental gesund, energiegeladen und mit dem Unternehmen verbunden sind. Eine gute Arbeitsatmosphäre und eine positive Arbeitseinstellung wirken sich positiv auf Krankheitstage, das Engagement der Mitarbeitenden und die Team-Performance aus. Auch steigt für Unternehmen, die mit der Energie ihrer Mitarbeitenden gut haushalten, die Wahrscheinlichkeit, Fachkräfte auf dem Arbeitsmarkt für sich zu begeistern.

Hier einige ausgewählte Studienergebnisse:
- **Mental Health:** Unternehmen mit unterstützenden Maßnahmen zur mentalen Gesundheit verzeichnen weniger gesundheitsbedingte Fehltage (Shiri et al., 2023).
- **Engagement:** Zwei der drei Topgründe, die Mitarbeitende dazu motivieren, im Unternehmen zu bleiben, sind eine höhere Wertschätzung der Arbeit und eine bessere Work-Life-Balance (Personio, 2022).
- **Team Performance**: Unternehmen mit einem erhöhten Mitarbeiterengagement können nicht nur eine Steigerung der Produktivität um bis zu 22 % verzeichnen, sondern verbessern auch die Zufriedenheit ihrer Kunden und ihre finanzielle Leistung (Baldoni, 2013).

In den letzten Jahren bin ich in meiner Arbeit auf unterschiedliche Status bei Unternehmen getroffen, wenn es um die mentale Gesundheit der Belegschaft und Energiemanagement geht: von Unternehmen, die in diesem Bereich schon viele Initiativen gestartet haben, bis hin zu Unternehmen, die die Wichtigkeit mentaler Gesundheit am Arbeitsplatz und das damit verbundene Engagement der Mitarbeitenden erst vor Kurzem erkannt haben.

Bei vielen Unternehmen, die bereits Initiativen gestartet haben, sehe ich sehr oft sehr gute Insellösungen, und begleite diese mit dem Konzept Human.Recharge.Management. dabei, diese in eine ganzheitliche und nachhaltige Strategie zu integrieren.

Bei den Unternehmen, die in diesem Bereich bis dato noch nicht viel unternommen haben, stelle ich immer wieder fest, dass viele Verantwortliche den ersten Schritt nur deshalb nicht gehen, weil sie, wie im Bereich der individuellen Veränderung, oft nur das ganze Ausmaß der notwendigen Transformation sehen – und sich davon abschrecken lassen. Wie bereits beschrieben, bin ich ein großer Fan davon, Dinge in kleine Einzelschritte zu zerlegen. So fällt es deutlich leichter, den ersten Schritt in Richtung Veränderung zu gehen.

Praxis

In einem Kundenprojekt sollte die grundsätzlich positive Energie im Team durch eine verbesserte Kommunikation in der Zusammenarbeit zwischen Team und Führungskräften gefestigt werden.

Im gemeinsamen Energy-Workshop mit dem Team und den Führungskräften konnten mithilfe der individuellen Energieprofile Energie-Killer und Performance-Booster identifiziert werden. Ein Outcome war zum Beispiel, dass es kein einheitliches Vorgehen für die Weitergabe wichtiger, aber nicht dringlicher Informationen gab. Gemeinsam wurde dann ein Energy-Statement für die künftige Zusammenarbeit formuliert. Aus diesem Energy-Statement konnten Maßnahmen abgeleitet werden, die die Kommunikation im Büro deutlich verbesserten: Dank der technologischen Zusammenarbeit via Microsoft Teams konnten alle Teammitglieder gleichermaßen informiert werden.

Bereits wenige Wochen nach dem Energy-Workshop war das Feedback einer Mitarbeiterin: »Es läuft sehr gut und man merkt einfach, dass die Zusammenarbeit jetzt viel strukturiertet abläuft. Danke dir.«

Im Bereich mentale Gesundheit am Arbeitsplatz und Energiemanagement im Team haben Unternehmen die Möglichkeit, bessere Rahmenbedingungen zu schaffen und so auch als Vorbild für andere Unternehmen, die Industrie und die Gesellschaft zu fungieren.

Denn mentale Belastungen am Arbeitsplatz und die daraus resultierenden Folgen sind nicht nur ein gesellschaftliches Problem und hemmen die Innovationsfähigkeit, sondern kosten die Wirtschaft auch eine Menge Geld. In Deutschland werden die Kosten durch psychische Erkrankungen besonders hoch eingeschätzt. Laut einem Bericht der Bundesanstalt für Arbeitsschutz und Arbeitsmedizin (BAuA) aus dem Jahr 2021 betragen die Kosten für Ausfalltage aufgrund psychischer Erkrankungen jährlich rund 44 Milliarden Euro. Dies beinhaltet sowohl direkte als auch indirekte Kosten. Die psychischen Erkrankungen führen zu etwa 107 Millionen Fehltagen pro Jahr (Bundesanstalt für Arbeitsschutz und Arbeitsmedizin, 2021).

Betrachtet man diese Tatsachen aus der Sicht eines Unternehmens, so steckt in der Investition in Maßnahmen zur Steigerung der mentalen Gesundheit, der Energie im Team und des Engagements der Mitarbeitenden enormes Wachstumspotenzial. Unternehmen können hier nicht nur beim Image und ihrer Attraktivität für neue Mitarbeitende und Fachkräften punkten, sondern auch wirtschaftlich.

Bereits 2016 rechnete die WHO vor, dass Unternehmen mit Programmen für mentale Gesundheit einen positiven ROI erzielen: Für jeden Dollar, den sie investieren, bekommen sie vier zurück (WHO, 2016). Einen positiven Return on Investment für jeden Euro, den Unternehmen in die mentale Gesundheit ihrer Mitarbeitenden investieren, bestätigt auch eine Studie von Deloitte aus dem Jahr 2019 (Deloitte Canada, 2019).

Neben den zahlreichen positiven Auswirkungen auf die Produktivität und Wirtschaftlichkeit im Unternehmen ist Veränderungsbereitschaft in der Belegschaft auch ein entscheidender Faktor, wenn es um die digitale Transformation mit Blick auf künstliche Intelligenz geht.

Praxis

Seit Januar 2024 darf ich Teil des neu geschaffenen *Industrierat Mensch & Technologie* des CTO-Forums der Rudolf-Diesel-Medaille sein.

Das CTO-Forum ist eine Plattform für technische Führungskräfte, die sich aus der Rudolf-Diesel-Medaille, einer renommierten deutschen Innovationsauszeichnung, heraus entwickelt hat. Das CTO-Forum verfolgt das Ziel, den Beitrag von Technik und Unternehmertum für die Gesellschaft sichtbar zu machen und den Austausch und die Vernetzung der Mitglieder zu fördern. Das CTO-Forum bietet verschiedene Formate an, die sich an den Themen der globalen CTO-Agenda orientieren und einen branchenübergreifenden, praxisnahen und persönlichen Diskurs ermöglichen. Das CTO-Forum versteht Technik als kulturellen Beitrag zur gesellschaftlichen Fortentwicklung und betont die Verantwortung des CTOs für die technische und digitale Vision von Unternehmen (Rudolf Diesel CTO-Forum, o. J.).

Auf dem Frühjahrsforum im April 2024 wurde in den Diskussionen und Gesprächen mit Vertreterinnen und Vertretern unterschiedlicher Branchen besonders deutlich, dass zwei entscheidende Faktoren, die zum Gelingen digitaler Transformationsprojekte beitragen, die Bereitschaft und Vorbereitung von Mitarbeitenden darauf sind.

Die Teilnehmenden waren sich einig, dass Transformation nur dann gelingen kann, wenn Mitarbeitende und Führungskräfte ein veränderungsbereites Mindset mitbringen.

In einer Welt der ständigen Veränderung ist es für Unternehmen, Führungskräfte und die Mitarbeitenden entscheidend, im Hier und Jetzt proaktiv die Zukunft von morgen zu denken und zu gestalten. Im weiteren Verlauf des Buches werde ich hier von *proaktiver Resilienz* – sowohl individuell als auch im Kontext von Unternehmen – sprechen.

Dieser Begriff impliziert, nicht nur auf Belastungen von außen zu reagieren, sondern proaktiv darauf vorbereitet zu sein und daran zu wachsen.

Aus der Zukunftsforschung geht hervor, dass es *das eine Bild der Zukunft* nicht wirklich gibt – vielmehr müssen wir von *Zukünften* sprechen. Diese Zukünfte gilt es, im Hier und Jetzt zu durchdenken, um Unternehmen, Führungskräfte und Mitarbeitenden auf die Herausforderungen von morgen proaktiv vorzubereiten und – um beim Bild des ferngesteuerten Autos zu bleiben – dynamisch und mit voller Energie agieren zu können.

Der gezielte Einsatz von Technologie kann an dieser Stelle enorm förderlich sein, da in Technologie das Potenzial steckt, nicht nur Energie zu sparen, sondern diese im Arbeitskontext auch freizusetzen. Was mit dieser gewonnenen Energie und auch Zeit unternommen wird, liegt in der Verantwortung jedes und jeder Einzelnen, der Führungskräfte und Personalverantwortlichen sowie des Unternehmens.

Im Kontext der Digitalisierung sollte dabei nicht nur das Bereitstellen technologischer Werkzeuge im Vordergrund stehen, sondern besonders das Up- und Reskilling sowie die Befähigung von Mitarbeitenden, Führungskräften und Personalverantwortlichen, diese Werkzeuge richtig einzusetzen und zu nutzen. In den Kapiteln »Energie sparen« (Kapitel 5) und »Energie freisetzen« (Kapitel 6) werde ich aufzeigen, warum dies aus Sicht der mentalen Energie und Team-Performance entscheidend ist, und mithilfe von Alexander Eggers und seiner Expertise praktische Anwendungsfälle beschreiben.

Untersuchungen von McKinsey & Company (2018) und eine Studie von KPMG (2023) belegen, dass viele Transformationsprojekte im Bereich Digitalisierung nicht aufgrund technologischer Probleme scheitern, sondern weil die Menschen, die die Technologie anwenden sollen, unzureichend über die Veränderung informiert oder unzureichend vorbereitet sind.

Fehlende Vorbereitung

Transformationsprojekte im Bereich Digitalisierung scheitern nicht aufgrund technologischer Probleme, sondern weil die Menschen, die die Technologie anwenden sollen, nicht ausreichend informiert oder vorbereitet sind.

An dieser Stelle erlebe ich immer wieder, dass die Bereitschaft zur Veränderung und das Vorhandensein der Energie für die Veränderung bei der Mitarbeitenden im Arbeitskontext oft vorausgesetzt wird. Die Zahlen zum Thema Energielosigkeit, psychische Belastung und Burnout zeigen jedoch ein anderes Bild. Das nachhaltige Managen der Energie von Mitarbeitenden wird damit zum Wettbewerbsvorteil, wenn es um die Innovationskraft und eine zukunftsfähige Transformation im Unternehmen geht. Nutzen wir daher die durch richtig eingesetzte Technologie gewonnene Energie, um Mitarbeitende und Führungskräfte proaktiv auf die Zukunft vorzubereiten.

Energie nachhaltig zu managen setzt voraus, dass zunächst einmal erkannt wird, wie voll der Akku im Team überhaupt ist. Im nächsten Teil gehe ich daher darauf ein, wie es gelingt, den Akkustand im Team zu ermitteln und regelmäßig zu überprüfen.

3.3   Energie im Team messen

In meiner Arbeit der letzten 15 Jahre waren Assessments und Analysen der Ist-Situation immer ein fester Bestandteil meines Vorgehens.

Ein Assessment zur Bewertung der Energie im Team vor Beginn einer Intervention im Arbeitskontext ist aus mehreren Gründen relevant:

1. **Ausgangslage verstehen:** Das Assessment hilft dabei, die aktuelle energetische Ausgangslage im Team zu verstehen. Es identifiziert, wo Performance-Booster liegen und wo Energie-Killer lauern. Dies ist wichtig, um gezielt Maßnahmen ergreifen zu können, die auf die spezifischen Bedürfnisse und Herausforderungen der Beteiligten abgestimmt sind.

2. **Bedürfnisse erkennen:** Jedes Team hat unterschiedliche Bedürfnisse und Voraussetzungen. Ein Assessment ermöglicht es, diese Unterschiede zu erkennen und Interventionen zu planen, die maßgeschneidert auf diese Bedürfnisse eingehen.

3. **Zielsetzung schärfen:** Die Durchführung eines Assessments vor einer Intervention hilft dabei, klare Ziele für diese zu definieren. Es wird deutlich, welche Aspekte verbessert werden sollen und wo der größte Handlungsbedarf besteht. Dies trägt zu einer effektiveren und zielgerichteten Intervention bei.

4. **Engagement und Motivation fördern:** Wenn Mitarbeitende und Teams in den Prozess des Energiemanagements einbezogen werden, steigt ihr Bewusstsein für ihre eigene energetische Situation und die Dynamiken im Team. Dies kann das Engagement und die Motivation erhöhen, an den Interventionen aktiv teilzunehmen und Veränderungen im eigenen Verhalten anzustreben.

5. **Erfolgsmessung ermöglichen:** Ein Assessment vor der Intervention legt eine Basislinie fest, gegen die der Erfolg der Maßnahmen gemessen werden kann. Nach Abschluss der Intervention können erneute Assessments durchgeführt werden, um Veränderungen im Energieprofil zu bewerten und den Erfolg der Intervention zu messen.

6. **Kommunikation und Zusammenarbeit verbessern:** Ein gemeinsames Verständnis der energetischen Ausgangslage kann die Kommunikation und Zusammenarbeit innerhalb des Teams fördern. Teams, die ihre kollektiven Performance-Booster und Energie-Killer kennen, können effektiver zusammenarbeiten und so ein positives und produktives Arbeitsumfeld schaffen.

7. **Präventive Gesundheitsförderung:** Durch die Identifikation von Energie-Killern und stressbedingten Risikofaktoren können frühzeitig Maßnahmen ergriffen werden, die das Wohlbefinden und die Gesundheit der Mitarbeitenden fördern. Dies kann langfristig zur Reduktion von Krankheitstagen und zur Steigerung der allgemeinen Arbeitszufriedenheit beitragen.

Wie bereits zuvor erwähnt, fällt mir bei der Zusammenarbeit mit Unternehmen immer wieder auf, dass zahlreiche Führungskräfte vor der herausfordernden Aufgabe stehen, das Energielevel ihrer Teams zu überwachen, sie als Vorbild zu inspirieren und ein unterstützendes Arbeitsumfeld zu schaffen – und das alles parallel zu ihren eigenen Kundenprojekten.

Im Konzept und meinen den Projekten nutze ich als Assessment den Energy-Check. Der Energy-Check ist ein einfach anzuwendendes Tool, das dabei hilft, in einer modernen und immer schneller werdenden Arbeitswelt zu erkennen, wie voll der mentale Akku im Team gerade ist. Der Check basiert auf dem Mental Health Score, der auf der Basis der Arbeitspsychologie von dem Start-up Humanize.works entwickelt und validiert wurde. Der Check ist mittlerweile ein wichtiger Portfoliobaustein und ein integraler Bestandteil unserer Beratungsansätze.

Der Score analysiert, wie förderlich das Arbeitsumfeld für die mentale Leistungsfähigkeit und die Zufriedenheit ist – gemessen am Durchschnittsmitarbeitenden. Das Fragenset umfasst 36 Fragen und adressiert die Bereiche Purpose, Autonomie, Meeting, Vertrauen, Kommunikation, Konfliktmanagement, Wertschätzung und Workload-Management. Es ist anonym, DSGVO-konform und kann nicht als Vorhersage für den mentalen Gesundheitszustand von Individuen verwendet werden, denn die Bewertung von Faktoren ist nicht generalisierbar.

Ein Assessment zur Bewertung der Energie im Team ermöglicht es, Interventionen im Arbeitskontext präzise, bedürfnisorientiert und effektiv zu gestalten, was letztendlich zur Steigerung der Gesamtperformance und zur Förderung eines gesunden Arbeitsumfelds beiträgt. Das ist in der derzeitigen Arbeitswelt ein entscheidender Wettbewerbsvorteil, denn die Auswirkungen von Wohlbefinden gehen weit über die positiven Effekte für Einzelne hinaus: Wohlbefinden am Arbeitsplatz wirkt sich positiv auf die Anzahl der Krankheitstage der Mitarbeitenden und ihre Arbeitsleistung aus und mindert die Wahrscheinlichkeit, dass Arbeitnehmende an Burnout erkranken oder das Unternehmen verlassen.

2022 verließen dreimal so viele Menschen ihren Arbeitsplatz aus Gründen des »Engagements und der Kultur« oder des »Wohlbefindens und der Work-Life-Balance« verglichen mit der Zahl derer, die in erster Linie wegen besserer »Bezahlung/Benefits« gingen (Gallup, 2023). Gleichzeitig war 2022 ein stressiges Arbeitsumfeld mit 32 % der Topgrund für Mitarbeitende, offen für eine Kündigung zu sein (Personio, 2022).

Daher lohnt sich ein regelmäßiger Blick auf das Energielevel der einzelnen Teams: So lässt sich der Zustand des mentalen Akkus ermitteln und die Energie-Killer lassen sich identifizieren.

Praxis

In einem Kundenprojekt ging es darum, die Zusammenarbeit in einem Projektteam zu verbessern. Vorbereitend auf den Team-Workshop habe ich als Assessment den Energy-Check eingesetzt.

Mithilfe dieses anonymen Zooms in das Team ist es gelungen, drei dominante Energie-Killer im Team zu identifizieren:
- Meeting-Performance
- Kommunikation der Führungskraft
- digitale Stressoren: Überlastung und Ablenkung

Mit dieser genauen Datenbasis konnte der darauffolgende Energy-Workshop zielgerichtet und mit diesen Fokusthemen effizient gestaltet werden. Begleitend dazu fanden Coachings mit der Führungskraft und individuelle Trainings mit dem Team statt, was zu einer schnellen Verbesserung und einer produktiven Zusammenarbeit geführt hat.

Ein voller Akku ist die Grundlage für energiegeladene und motivierte Teams sowie für eine nachhaltige Performance und wirkt direkt auf die Kosten freiwilliger Fluktuation.

Wie aus den Ergebnissen des Assessments Strategien für energiegeladene Teams und zukunftsfähige Unternehmen entstehen, beschreibe ich in den folgenden Kapiteln.

3.4 Zusammenfassung

In diesem Kapitel wird das oft übersehene Thema des nachhaltigen Energiemanagements im Arbeitskontext behandelt. Während Nachhaltigkeit in Unternehmen häufig im Zusammenhang mit Umweltschutz und sozialer Verantwortung diskutiert wird, wird die körperliche und mentale Energie der Mitarbeitenden selten thematisiert. Dies ist jedoch entscheidend für die Wettbewerbsfähigkeit und Zukunftsfähigkeit von Unternehmen.

Aktuelle Studien zeigen alarmierende Trends: Ein Großteil der deutschen Arbeitnehmenden klagt über psychische Belastungen am Arbeitsplatz und viele fühlen sich unzureichend auf technologische Veränderungen, wie die Einführung von KI, vorbereitet. Das Kapitel veranschaulicht, dass ein leerer Akku in der Belegschaft die Anpassungsfähigkeit und Innovationskraft eines Unternehmens erheblich beeinträchtigen kann.

Ein zentraler Aspekt ist das Verständnis von Energiezyklen, insbesondere des zirkadianen und ultradianen Rhythmus. Der zirkadiane Rhythmus, ein 24-Stunden-Zyklus, beeinflusst grundlegende Funktionen wie den Schlaf-Wach-Rhythmus. Störungen dieses Rhythmus, etwa durch unregelmäßige Arbeitszeiten oder übermäßige Bildschirmnutzung, können ernsthafte gesundheitliche Folgen haben. Der ultradiane Rhythmus beschreibt kürzere Zyklen von 90 bis 120 Minuten, die ebenfalls zur Optimierung der Leistungsfähigkeit genutzt werden können.

Im Umgang mit der eigenen Energie sind Selbstfürsorge und Achtsamkeit von großer Bedeutung. Es ist wichtig, seine Energie-Killer und Performance-Booster zu kennen und hilfreiche Verhaltensweisen in den Alltag zu integrieren. Methoden wie das Energy-Statement und die Tiny-Habits-Prinzipien von B. J. Fogg bieten praktische Ansätze zur schrittweisen Veränderung von Gewohnheiten.

Auch Führungskräfte und Personalverantwortliche spielen eine entscheidende Rolle beim Energiemanagement. Sie müssen nicht nur ihre eigene Energie managen, sondern auch ein energiegebendes Umfeld für ihre Teams schaffen. Hier sollten Unternehmen ihre Führungskräfte unterstützen – durch Überdenken der Aufgabenverteilung oder durch Re- oder Upskilling –, damit sie den Herausforderungen der hybriden Arbeitswelt und den hohen Belastungen gewachsen sind.

Unternehmen tragen nicht nur eine gesellschaftliche Verantwortung, sondern können durch proaktive Maßnahmen zur Unterstützung der mentalen Gesundheit und Energie ihrer Mitarbeitenden auch erheblich profitieren. Studien zeigen, dass Investitionen in die mentale Gesundheit hohe Renditen bringen und sich positiv auf die Produktivität und die Mitarbeiterbindung auswirken.

Assessments zur Bewertung des Energielevels im Team – zum Beispiel der Energy-Check – sind empfehlenswert. Diese helfen, die Ausgangslage zu verstehen, Bedürfnisse zu erkennen und gezielte Maßnahmen zu ergreifen, um die Teamenergie zu steigern und eine gesunde Arbeitsumgebung zu fördern. Ein regelmäßiger Check des mentalen Akkus ist entscheidend für eine nachhaltige Performance.[2]

---

2   Diese Kapitelzusammenfassung wurde mithilfe der generativen KI ChatGPT 4o erstellt.

3.5 Reflexion

Reflexionsfragen für Mitarbeitende	
Selbstbewusstsein und Energiequellen	
Welche Aktivitäten oder Verhaltensweisen geben mir im Arbeitsalltag Energie, und welche rauben mir Energie?	
Wie gut achte ich auf meine Erholung während des Arbeitstages?	
Wie kann ich meine täglichen Routinen anpassen, um mehr von den energiefördernden Aktivitäten zu integrieren?	
Zeitmanagement und Produktivität	
Wann habe ich im Laufe des Tages die höchsten Energielevels und bin am produktivsten?	
Wie kann ich meinen Arbeitsplan so gestalten, dass ich wichtige Aufgaben in diese Zeitfenster legen kann?	

Reflexionsfragen für Führungskräfte	
Teamenergie und Motivation	
Wie gut kenne ich die individuellen Energie-Killer und Performance-Booster in meinem Team?	
Welche Maßnahmen kann ich ergreifen, um eine Umgebung zu schaffen, die die Energie und Motivation meines Teams unterstützt?	
Wie gut kommuniziere ich mit meinem Team über das Thema Energie und Wohlbefinden?	

Reflexionsfragen für Führungskräfte	
Führungsstil und Vorbildfunktion	
Inwieweit lebe ich meinem Team einen gesunden Umgang mit Energie vor?	
Welche Veränderungen könnte ich in meinem eigenen Verhalten oder Führungsstil vornehmen, um ein besseres Vorbild in Sachen Energiemanagement zu sein?	

Reflexionsfragen für Organisationen	
Kultur und Werte	
Inwieweit fördert unsere Unternehmenskultur ein nachhaltiges Energiemanagement?	
Welche Ressourcen oder Programme könnten wir einführen, um die körperliche und mentale Energie unserer Mitarbeitenden zu unterstützen?	
Technologie und Veränderungsbereitschaft	
Wie gut sind unsere Mitarbeitenden auf technologische Veränderungen vorbereitet?	
Welche Schulungen oder Unterstützungsangebote könnten dazu beitragen, dass unsere Teams besser mit neuen Technologien umgehen und dabei ihre Energie erhalten?	

3.6 Power-Strategien

Power-Strategien

Für Mitarbeitende

- Individuelles Energieprofil
  Visualisiere dein individuelles Energieprofil mit den natürlichen Hochphasen im Tagesverlauf und plane wichtige oder anspruchsvolle Aufgaben gezielt in diese Zeiten.
- Energiequellen maximieren und Energie-Killer minimieren
  Erstelle eine Liste deiner täglichen Aufgaben und Aktivitäten und markiere, welche dir Energie geben und welche Energie rauben. Priorisiere energiefördernde Aktivitäten und versuche, Energie-Killer zu reduzieren oder durch Pausen zu kompensieren.

Für Führungskräfte

- Energy-Check im Team
  Implementiere regelmäßige Energy-Checks im Team, um die persönlichen Energie-Killer und Performance-Booster zu identifizieren und zu verstehen.
- Energie und Motivation durch Vorbildfunktion steigern
  Sei ein Vorbild im Umgang mit Energie und Erholung. Zeige deinem Team, wie wichtig es ist, Zeiten zum Aufladen und energiefördernde Aktivitäten in den Arbeitsalltag zu integrieren.

Für Organisationen

- Förderung einer energiegebenden Unternehmenskultur
  Entwickelt Programme und Initiativen, die das Wohlbefinden und die Energie der Mitarbeitenden in den Mittelpunkt stellen. Das Konzept Human.Recharge. Management. kann hier eine hilfreiche Unterstützung sein.
- Technologische Unterstützung und Schulungen
  Investiert in Schulungsprogramme, um Mitarbeitende auf technologische Veränderungen vorzubereiten und ihre Kompetenzen zu erweitern. Dies hilft, Ängste abzubauen und die Energie und Motivation zu erhalten.

4   Menschliche Power zum Aufladen

Trotz zunehmender Digitalisierung und der rasanten Geschwindigkeit, in der sich künstliche Intelligenzen entwickeln, stelle ich in all meinen Gesprächen und Diskussionen mit Unternehmensverantwortlichen sowie Expertinnen und Experten immer wieder fest, dass bei all diesen Veränderungen der Mensch als Treiber für Innovation zunehmend in den Vordergrund rückt. Die Erkenntnis, dass trotz der Fortschritte in der Digitalisierung und der Entwicklung künstlicher Intelligenz der Mensch zentral für Innovationen bleibt, findet breite Unterstützung in der Forschung und wird in Fachzeitschriften wie Nature Human Behaviour diskutiert.

Trotz der Fortschritte in der Digitalisierung und der Entwicklung künstlicher Intelligenz bleibt der Mensch zentral für Innovationen.

Menschliche Fähigkeiten wie Kreativität, ethisches Urteilsvermögen und emotionale Intelligenz stellen zum heutigen Stand entscheidende Komponenten im Innovationsprozess dar, die durch Technologie zwar unterstützt, aber nicht vollständig ersetzt werden können (Rafner et al., 2023). Umso wichtiger ist es, ein fundiertes Verständnis für die Basis menschlicher Energie herzustellen. Diese wird allzu oft im Privaten verortet und daher im Arbeitskontext als gegeben vorausgesetzt.

Meine langjährige Arbeit mit Menschen und Organisationen zeigt jedoch eine andere Realität: Genau diese Basis fehlt und macht performantes Arbeiten zur Herausforderung. Gleichzeitig steckt in der Entwicklung und Berücksichtigung dieser Basis enormes Potenzial für mehr Energie bei der Arbeit.

Praxis

In einem Kundenprojekt ist ein Teil des Human.Recharge.Management.-Programms der regelmäßige Energy-Check-in mit den Mitarbeitenden. Ziel der Energy-Check-in ist es unter anderem, den Wellbeing-Score bei den Mitarbeitenden zu ermitteln und zu hinterfragen, was zu einem hohen oder niedrigen Score führt.

In diesen persönlichen und datengeschützten Check-ins zeigt sich sehr oft, dass es Einflussfaktoren auf das persönliche Wohlbefinden und das Energielevel gibt, die zwischen dem Privat- und dem Berufsleben liegen. Individuelle Coachings für die Mitarbeitenden helfen dabei, Strategien zu entwickeln, um diese Einflussfaktoren zu lenken – und das ist auch der explizite Wunsch und das Ziel des Unternehmens.

Ein typisches Beispiel ist die Entwicklung gesunder Schlafroutinen. Gelingt durch eine Anpassung des Verhaltens im privaten Kontext eine Verbesserung, profitieren das Individuum und das Unternehmen gleichermaßen. Denn eine verbesserte Schlafqualität trägt enorm zum Aufladen des persönlichen Akkus, der Gesundheit und Leistungsfähigkeit bei – eine Win-win-Situation.

Die Basis menschlicher Energie

Im Konzept *Human.Recharge.Management.* beschreibe ich diese Basis menschlicher Energie als Grundlage für die allgemeine Leistungsfähigkeit – angelehnt an die Bedürfnispyramide nach Maslow.

Die Maslow'sche Bedürfnishierarchie, bekannt als Bedürfnispyramide, ist ein sozialpsychologisches Modell des US-amerikanischen Psychologen Abraham Maslow (1908–1970). Es beschreibt auf vereinfachende Art und Weise menschliche Bedürfnisse und Motivationen (in einer hierarchischen Struktur) und versucht, diese zu erklären (Wikipedia, 2024).

Zu den menschlichen Grundbedürfnissen zählen:
- Bewegung
- Ernährung
- Schlaf
- Atmung
- Selbstwahrnehmung
- sozialer Kontakt

Kurzfristig können einzelne dieser Bereiche kompensiert werden. Besteht jedoch mittel- und langfristig ein Defizit, wirkt dies negativ auf die allgemeine Leistungsfähigkeit und mentale Energie.

Die Erkenntnis, dass die Grundlagen menschlicher Energie – wie regelmäßige Bewegung, gesunde Ernährung, ausreichende Erholung, Selbstwahrnehmung und soziale Kontakt – entscheidend für die Leistungsfähigkeit am Arbeitsplatz sind, wird von zahlreichen Studien in den Bereichen Arbeitspsychologie und Organisationsverhalten gestützt (Grimani et al., 2019; Sutton, 2023).

Diese Faktoren sind aber nicht nur entscheidend für die Leistungsfähigkeit, sondern bilden darüber hinaus auch die Grundlage für ein langes Leben. So hat die Forschung im Bereich Longevity mittlerweile fünf sogenannte Blue Zones identifiziert (Poulain et al., 2021). Dies sind Regionen, in denen die Lebenserwartung und die Anzahl der Menschen, die 100 Jahre oder älter werden, überdurchschnittlich hoch ist. Was die Menschen an all diesen Orten gemeinsam haben: eine Lebensweise, bei der die Basis menschlicher Energie stark ausgeprägt ist.

In meiner Arbeit unterteile ich diese Basis menschlicher Energie in fünf Kategorien, wobei sich diese gegenseitig beeinflussen oder begünstigen und die Grundlage für mehr Energie bei der Arbeit darstellen:

- vitaler Körper
- gesunder Schlaf
- wacher Kopf
- proaktive Resilienz
- sozialer Kontakt

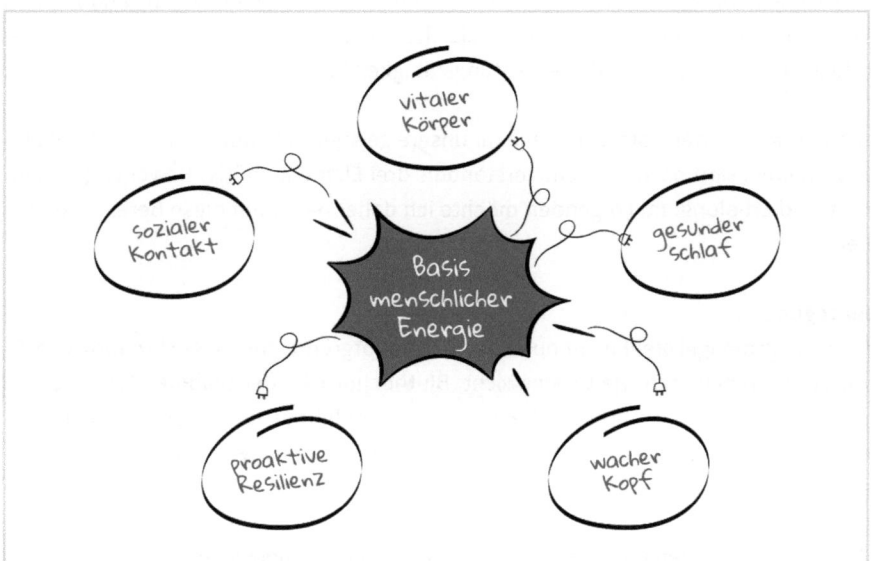

Quelle: Johannes Oberhofer / Canva

4.1   Vitaler Körper

Ein gesunder Geist steckt in einem gesunden Körper. An diesem Sprichwort hat sich bis heute nichts geändert. Dennoch scheint die Bedeutung dieser Worte noch nicht zu allen vorgedrungen zu sein, wie zahlreiche Studien belegen. Die Folgen von Bewegungsmangel und Fehlernährung tragen dazu bei, dass die physiologische Grundlage für einen gesunden Körper abhandenkommt (Kekäläinen et al.,2023).

Laut Angaben des Robert Koch-Instituts (RKI) erreichen viele Erwachsene und zunehmend auch viele Kinder nicht die Empfehlungen der Weltgesundheitsorganisation (WHO) für eine körperliche Mindestaktivitätszeit (Robert Koch-Institut, 2023).

Ein gesunder Geist steckt in einem gesunden Körper.

Aber auch eine gesunde Ernährung, die alle notwendigen Makronährstoffe liefert, ist entscheidend für die Gehirngesundheit. Studien haben gezeigt, dass eine unausgewogene Ernährung die kognitive Funktion beeinträchtigen kann, während eine ausgewogene Ernährung die Gehirnstruktur und -funktion unterstützt (Kekäläinen et al.,2023).

Bereits im Jahr 2009 habe ich mich mit den Folgen von Bewegungsmangel und einer unausgewogenen Ernährung im Rahmen meiner Bachelorarbeit auseinandergesetzt und daraufhin mein erstes Unternehmen gegründet. Von 2010 bis 2022 hatte ich die Möglichkeit, mit zahlreichen Menschen aus unterschiedlichsten Organisationen und Rollen zu arbeiten und dabei nachzuvollziehen, welchen Einfluss der private und berufliche Alltag auf die berufliche Leistungsfähigkeit hat.

Um unseren Körper – als Grundlage für unsere geistige Leistungsfähigkeit – vital und fit zu halten, sind nach meinem Verständnis drei Elemente nötig: Bewegung, Ernährung und Erholung. Im Folgenden möchte ich daher näher auf diese Bereiche eingehen.

Bewegung
Bewegungsmangel stellt nicht nur einen der Hauptgründe für die Ausbreitung von Zivilisationskrankheiten wie Übergewicht, Bluthochdruck oder Diabetes Typ 2 dar. Zu wenig Bewegung und monotone Bewegungsmuster führen auch zu einer Dysfunktion des Bewegungsapparates und mittel- und langfristig zu degenerativen Veränderungen und damit zum Beispiel zu Rücken- und Gelenkbeschwerden.

Zu allen körperlichen Erkrankungen stellt Bewegungsmangel aber auch einen Risikofaktor für das Auftreten mentaler Belastungen dar. Eine systematische Überprüfung von 27 Studien hat gezeigt, dass körperliche Aktivität positiv mit besserer mentaler Gesundheit assoziiert ist. Menschen, die körperlich aktiver sind, berichten von weniger Depressionen und Angstzuständen sowie einer höheren Lebenszufriedenheit und einem besseren allgemeinen Wohlbefinden (Marconcin et al., 2022).

Doch trotz der erdrückenden Studienlage zum Thema Bewegungsmangel in Verbindung mit der körperlichen Gesundheit geht dieser Trend gnadenlos weiter.

Laut dem DKV-Report 2023 sitzen die Deutschen von Jahr zu Jahr immer länger (Froböse/Wallmann-Sperlich, 2023). Im langen Sitzen – aber auch Stehen – verbirgt sich ein einseitiges, monotones Bewegungsmuster und wirkt sich nicht nur negativ auf unser körperliches, sondern auch auf unser mentales Wohlbefinden aus. »Fast jede und jeder Dritte bewegt sich weniger als eine halbe Stunde am Tag« – so das ist das Ergebnis der TK-Studie 2022 *Beweg dich, Deutschland! – Bewegung im Alltag* (Techniker Krankenkasse, 2022).

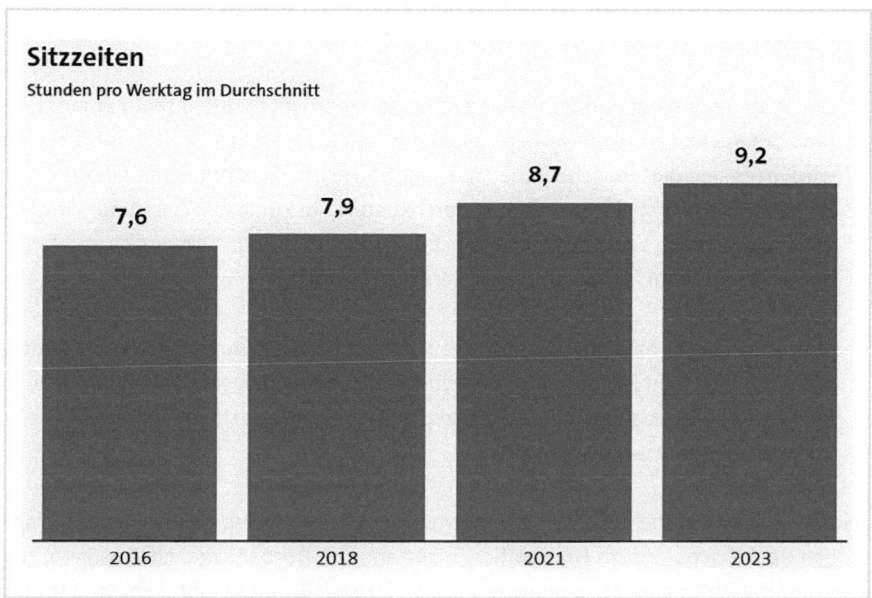

Sitzzeiten
Stunden pro Werktag im Durchschnitt

Quelle: Froböse/Wallmann-Sperlich, 2023

Fast jede und jeder Dritte bewegt sich weniger als eine halbe Stunde am Tag.

Die praktischen Erkenntnisse meiner Arbeit der letzten Jahre zeigen, dass der durch Monotonie verursachter Bewegungsmangel nur schwer durch längere Bewegungseinheiten kompensiert werden kann. Diese Erfahrungen werden auch durch verschiedene Studien und Erkenntnisse aus der Gesundheitsforschung gestützt.

Beispielsweise hat das Sedentary Behaviour Research Network (SBRN)[3] mehrere Übersichtsarbeiten und Positionspapiere veröffentlicht, die darauf hinweisen, dass langes Sitzen mit einem erhöhten Risiko für verschiedene gesundheitliche Probleme verbunden ist, auch wenn man regelmäßig Sport treibt (auch Grimani et al., 2019).

Meine Erfahrungen und die Ergebnisse der Untersuchungen unterstreichen die Notwendigkeit, eine nachhaltige Bewegungsstrategie zu entwickeln und sie proaktive in den digitalen Arbeitsalltag zu integrieren – damit Bewegung nicht der *Ausgleich zur*, sondern *Teil der Arbeit* wird.

---

3   https://www.sedentarybehaviour.org/

Praxis

Gleich zu Beginn der Pandemie habe ich zusammen mit meinem Team erkannt, dass der Rückzug und die Verlagerung der Arbeit ins Homeoffice dazu führen wird, dass sich die Menschen noch weniger bewegen. Zusammen mit einem befreundeten Entwickler aus Schweden haben wir in kürzester Zeit daher eine digitale Plattform entwickelt, die Mitarbeitenden im Homeoffice direkt am Schreibtisch einen Movement Break verschaffen sollte.

Movement Break hat in der Hochphase der Pandemie großartig funktioniert und mehr Bewegung in den Homeoffice-Alltag vieler Menschen gebracht. So wurde die Barriere »Bewegung am Arbeitsplatz« in vielen Fällen erfolgreich durchbrochen – zumindest temporär.

Leider funktioniert diese Form der Bewegung direkt am Arbeitsplatz meinen Erfahrungen nach höchstens im Homeoffice, nicht aber im Büro. Ausgleichsübungen, bei denen man sich in eine eher ungewöhnliche Körperhaltung begibt, scheinen in der Arbeitswelt für viele Mitarbeitende eine Hemmschwelle darzustellen. Oft habe ich den Eindruck, Menschen möchten sich, salopp gesagt, nicht »zum Affen machen«.

Diese Erkenntnis war für mich auch ein Grund, mit dem Konzept Human.Recharge. Management. nachhaltige Strategien zu entwickeln, die mehr Bewegung in den Büroalltag integrieren und eine höhere Akzeptanz bei den Mitarbeitenden haben. Nur ein Bewegungsprogramm, das regelmäßig angewandt wird, bringt auch etwas.

Das beste Bewegungsprogramm am Schreibtisch bringt nichts,
wenn es nicht angewandt wird.

Im Laufe der menschlichen Geschichte hat sich unser Bewegungsverhalten signifikant verändert. Während unsere frühen Vorfahren körperlich meist aktiv waren – mit den Wildtierherden zogen, jagten und Nahrung sammelten –, brachte die Entwicklung der Landwirtschaft ortsfestere Tätigkeiten wie Feldarbeit, das Weben oder die Keramikherstellung mit sich. Mit der industriellen Revolution kamen dann Arbeitsplätze auf, die lange Sitzzeiten erforderten. In der modernen Zeit sitzen viele Menschen den größten Teil des Tages, sowohl bei der Arbeit als auch zu Hause, was eine drastische Veränderung im Vergleich zum aktiven Lebensstil unserer Ahnen darstellt.

Quelle: Johannes Oberhofer / DALL-E

Mittlerweile haben sich auch viele Hersteller von Büromöbeln Gedanken dazu ge-macht, wie ergonomischeres Arbeiten aussehen kann. Dabei geht es in vielen Fällen darum, den Schreibtischstuhl ergonomisch für das Sitzen zu optimieren, was aus Sicht der Arbeitssicherheit sicher seine Berechtigung hat. Das Problem des langen Sitzens in der gleichen Position wird dadurch aber nicht behoben – es wird nur am Symptom gearbeitet.

Bei vielen meiner Kunden gehört zur Grundausstattung der Arbeitsumgebung im Büro ein höhenverstellbarer Schreibtisch. Und wenn ich von Mitarbeitenden gefragt werde, welchen Stuhl sie sich für zu Hause kaufen sollen, antworte ich in der Regel, dass we-niger der Komfort des Stuhles als die Funktionalität des Tisches für gesundes Arbeiten relevant ist.

Vor Kurzem habe ich einen Tisch gesehen, der sich nicht nur nach oben hin anpassen ließ, sondern auch tiefer als die Norm einstellbar war. Das ist für mich eine absolute Revolution, da diese Option aktives Sitzen und dynamisches Arbeiten um eine Viel-zahl an Möglichkeiten erweitert und uns dem natürlichen Sitzen, wie wir es bei Kin-dern oder im fernöstlichen Raum sehen, einen großen Schritt näher bringt.

Bei den gängigen höhenverstellbaren Schreibtischen erlebe ich im Büroalltag, dass ein Großteil der Mitarbeitenden die Funktion der Höhenverstellbarkeit ein- bis zwei-mal am Tag nutzen – was einen guten Anfang für mehr Bewegung am Arbeitsplatz darstellt. Um dieses Verhalten weiter auszubauen und mehr Bewegung direkt an den Schreibtisch zu bringen, hat es sich in der Praxis bewährt, Mitarbeitenden eine Kom-bination aus höhenverstellbarem Schreibtisch und funktionalem Sitzmöbel bereitzu-stellen.

Praxis

Ich arbeite seit vielen Jahren mit dem Erfinder und Hersteller des Xbrick zusammen. Der Xbrick ist ein modulares Steh-Sitz-Möbel und ist neben vielen Funktionen besonders dafür geeignet, in Kombination mit einem höhenverstellbaren Schreibtisch viele verschiedene und abwechslungsreiche Arbeitspositionen zu kreieren. Im Vergleich zum langen Sitzen stellt auch langes Stehen, mit beiden Beinen auf dem Boden, für viele Menschen eine körperliche Belastung dar. Mit einem kleinen Tritt oder dem Xbrick unter dem Tisch bieten sich hier wieder viele Varianten, um für Entlastung zu sorgen: So kann ein Bein auf die Erhöhung gestellt oder die Arbeitsposition regelmäßig verändert werden. Dies hat zur Folge, dass die Hüfte und damit verbunden der untere Rücken nicht monoton belastet wird.

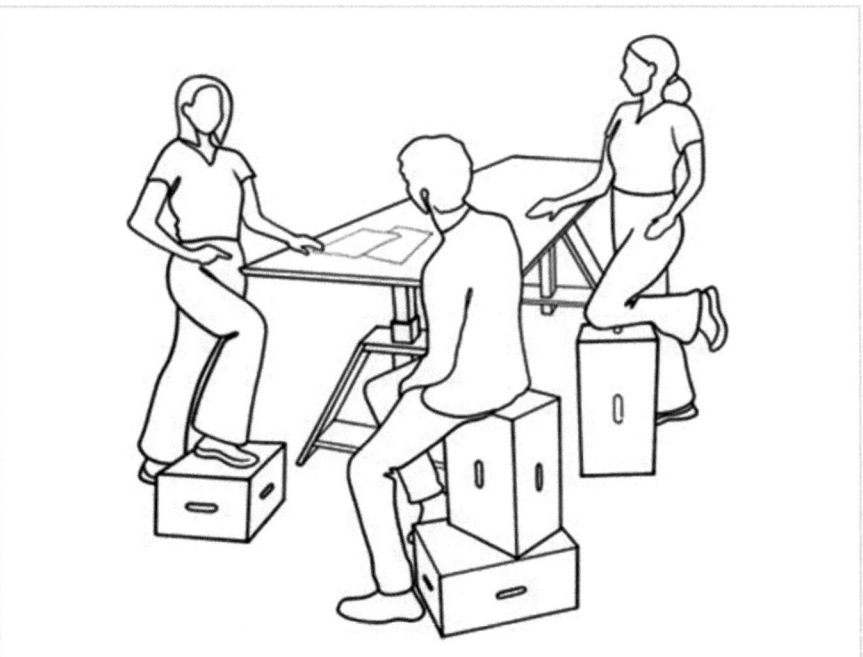

Quelle: https://www.xbrick.eu/

Xbrick

Mehr Informationen zum Xbrick erhältst du unter: www.aufladenstattausbrennen.de

Mit solchen Kombinationen gelingt es, deutlich mehr Bewegung direkt an den Schreibtisch zu bringen. Allerdings verändert das nichts an der Tatsache, dass wir unseren Blick viele Stunden lang auf den Bildschirm richten. Welche Auswirkungen das auf unsere geistige Leistungsfähigkeit hat, beschreibe ich im Kapitel »Wacher Kopf« (4.3).

An dieser Stelle möchte ich noch ein weiteres Beispiel aus der Praxis anführen, das zeigt, wie sich mehr Bewegung in den Arbeitsalltag bringen lässt und gleichzeitig für eine verbesserte Kommunikation sorgt.

Praxis

In einem Projekt für einen Kunden ging es darum, Meetings in kleinen Gruppengrößen an den Bürostandorten zu verbessern. Da die großen Meeting-Räume dort aufgrund virtueller Meetings regelmäßig besetzt waren, suchte ich nach einer anderen Lösung – und schlug ein Walking Meeting vor.

Ein dynamisches Setting wie ein Walking Meeting kann die Kommunikationsmuster verändern und Barrieren zwischen Teilnehmenden abbauen. Forschungen deuten darauf hin, dass das Neben-jemandem-her-Gehen – im Vergleich zum Jemandem-Gegenübersitzen – die Bereitschaft erhöhen kann, offen zu kommunizieren und Informationen zu teilen. Zudem haben Studien gezeigt, dass das Gehen, insbesondere in einer natürlichen Umgebung, die Kreativität fördern kann. Eine Studie der Stanford University aus dem Jahr 2014 fand heraus, dass die kreative Denkleistung bei Personen, die gingen, um 60 % höher war als bei Personen, die saßen (Wong, 2014).

Um die Schwelle für ein Walking Meeting niedrig zu halten, wurden Strecken mit unterschiedlichen Längen um die Bürostandorte definiert und vom Marketing in eine Art Streckenatlas übertragen. Eine wunderbare Möglichkeit, die gleich mehrere positive Wirkungen mit sich brachte.

Regelmäßige Bewegung im Arbeitsalltag ist für eine nachhaltige Leistungsfähigkeit und einen vollen Akku essenziell. Durchbrechen wir die Monotonie, kommen wir in Bewegung.

Ernährung

Ernährung ist eine weitere wichtige Basis für die Bereitstellung menschlicher Energie und muss keineswegs kompliziert sein. Ich nutze als synonym für Ernährung daher gern den Begriff »Treibstoff«, denn unser Ernährungsstil hat direkten Einfluss auf unser Energielevel, unsere Konzentrationsfähigkeit, unser Immunsystem sowie auf unsere langfristige Gesundheit – und eben nicht ausschließlich auf die Form unseres Körpers.

Im Buch »Jeder Tag zählt« schreiben die Autoren daher sehr treffend:

> »Was man seinem Körper zuführt, schlägt sich allerdings direkt auf die Leistung nieder. Punktum. Sie merken es vielleicht nicht, weil sie gar nicht wissen, wie wunderbar erfrischt Sie sich fühlen könnten. Aber je länger Sie energie- und nährstoffarme Lebensmittel konsumieren, umso mehr verursachen Sie Entzündungen und schaffen ein Energiedefizit.«
>
> Verstegen/Williams, 2015, S. 44

Leider sieht die Normalität bei vielen berufstätigen Menschen so aus, dass sie eigentlich keine Zeit zum Essen haben oder sich diese Zeit nicht bewusst nehmen – »Essen, um zu überleben« lautete die Devise. Dabei wird der Hunger entweder übergangen oder es wird nebenbei oder auf die Schnelle in der Imbissbude um die Ecke etwas gegessen.

Um dauerhaft leistungsfähig zu bleiben, rät die Deutsche Gesellschaft für Ernährung allen, die nicht in die Kantine gehen können oder möchten, wenigstens kleine Pausen einzulegen, Zwischenmahlzeiten einzunehmen und einseitige Ernährung z. B. durch Obst, Gemüse und Milchprodukte auszugleichen (Deutsche Gesellschaft für Ernährung, o. J.). Eine ausgewogene Ernährung liefert die notwendigen Nährstoffe, die unser Körper benötigt, um optimal zu funktionieren, Krankheiten vorzubeugen und die allgemeine Gesundheit zu fördern.

Ich möchte mit diesem Abschnitt daher keine Ernährungstrends analysieren, sondern ein Verständnis für Ernährung als strategischer Treibstoff entwickeln, der es uns letztendlich ermöglicht, unser volles Potenzial zu entfalten. Denn auch in Bezug auf unsere geistige Leistungsfähigkeit spielt eine gesunde und ausgewogene Ernährung eine entscheidende Rolle.

Entwicklung und Wachstum des »Frontalhirn-Akkus« sind auch dort gestört, wo man sich nach westlichem Fast-Food-Standard ernährt. Ursache ist ein Zuviel an ungesunden Fetten und ungesundem Zucker oder an bei der industriellen Zubereitung erzeugten Giftstoffen. Ein genauso großes Problem ist allerdings auch ein Defizit an essenziellen Nährstoffen (Nehls, 2022, S. 232).

Meine Erfahrung zeigt, dass viele Menschen aufgrund unzähliger Ernährungstrends, neuer Diäten und Formeln verunsichert sind und überhaupt nicht mehr wissen, wie sie sich ernähren sollen. In der Praxis zeigt sich, dass Ernährung aufgrund zunehmend auftretender Unverträglichkeiten ein äußerst individuelles Thema ist. Daher möchte ich hier drei grundlegende Vorschläge machen, die sich in der Praxis sowohl individuell als auch im Arbeitskontext bewährt haben:

1. **Unverarbeitete Lebensmittel**

   Der Konsum unverarbeiteter – also nicht industriell bearbeiteter, mit Zusatzstoffen versehener oder chemisch veränderter –Lebensmittel am Arbeitsplatz steigert die Energie und Konzentration, da diese Lebensmittel reich an wichtigen Nährstoffen sind. Dies trägt zu einer verbesserten kognitiven Funktion und anhaltender Energie bei, was wiederum die Produktivität erhöht. Eine gesündere Ernährung kann auch die Anzahl der Krankheitstage reduzieren, da sie das Risiko für chronische Erkrankungen verringert. Unternehmen, die gesunde Ernährungsoptionen anbieten, fördern zudem die Zufriedenheit, da sich die Angestellten wertgeschätzt fühlen.

2. **Regional und saisonal**

   Eine regionale und saisonale Ernährung am Arbeitsplatz fördert die Gesundheit und Produktivität, stärkt die lokale Wirtschaft und unterstützt nachhaltige Landwirtschaftspraktiken. Durch kürzere Transportwege wird zudem die Umweltbelastung reduziert. Gleichzeitig kann die Förderung dieser Ernährungsweise das Bewusstsein für gesunde und umweltfreundliche Gewohnheiten schaffen, was eine positive Arbeitsatmosphäre fördert.

3. **Triff die bessere Wahl**

   In Bezug auf die Ernährung im Arbeitskontext »die bessere Wahl« zu treffen bedeutet, gesunde, nährstoffreiche und umweltfreundliche Ernährungsoptionen bereitzustellen. Unternehmen sollten eine Auswahl an gesunden Snacks und Mahlzeiten anbieten, die frisch, regional und saisonal sind, um sowohl die Produktivität als auch das Wohlbefinden der Mitarbeitenden zu fördern. Durch regelmäßige Bildungsangebote und Workshops können Mitarbeitende über die Vorteile gesunder Ernährung aufgeklärt werden, was zu bewussteren Entscheidungen führt. Zusätzlich entlastet der Einsatz von Mehrweggeschirr und die Reduzierung von Einwegverpackungen die Umwelt. Diese Maßnahmen steigern nicht nur die Mitarbeiterzufriedenheit, sondern stärken auch das Image des Unternehmens als verantwortungsbewusster Arbeitgeber.

Diese Grundlagen funktionieren auch wunderbar, wenn das Essen nicht in der unternehmenseigenen Kantine eingenommen wird oder werden kann. Denn auch beim Geschäftsessen oder der Bestellung bei einem Lieferdienst kann nach diesen Kriterien ausgewählt und so die Qualität des »Treibstoffes« beeinflusst werden.

Praxis

In vielen Unternehmen sehe ich ein Ungleichgewicht, wenn es um die schnellen Snacks für zwischendurch geht. Der überschaubaren, mit mehr oder weniger frischen und zum Verzehr einladenden Lebensmitteln gefüllten Obstschale steht meist eine Fülle an Schokoladenriegeln, Gummibärchen oder anderen Süßigkeiten gegenüber, was vielen Mitarbeitenden die bessere Wahl erschwert. Da ein komplettes Wegrationalisieren der Süßigkeiten vermutlich in vielen Organisationen zu einem negativeren Betriebsklima beitragen würde, habe ich bei einem Kunden folgenden Versuch gestartet.

Ähnlich wie bei einem einladenden Frühstücksbuffet im Wellnesshotel wurden Müsli-Dispenser besorgt und im Bereich der Kaffeemaschine platziert. Ein Dispenser wurde mit Schokolinsen gefüllt und der andere mit einer Nussmischung. Diese einfache und kostengünstige Präsentation der beiden Optionen unterstützt die Mitarbeitenden in ihrem Verhalten, eine bessere Wahl zu treffen.

Ein zusätzliches Problem im Zuge der Ernährung stellt die durch eine zu geringe Flüssigkeitsaufnahme erzeugte körperliche Dehydrierung dar. Wer langfristig zu wenig trinkt, riskiert Probleme mit Muskeln, Gelenken und Verdauung. Auch dauerhafte Müdigkeit, Konzentrationsschwäche und viele weitere Beeinträchtigungen lassen sich auf eine zu geringe Flüssigkeitszufuhr zurückführen. Auf die Bedeutung von Flüssigkeit im Zusammenhang mit geistiger Leistungsfähigkeit gehe ich im Teil »Wacher Kopf« (Kapitel 4.3) genauer ein.

In vielen Unternehmen zählen kostenfreie Wasserspender oder die Bereitstellung von Wasser mittlerweile zum Standard. Wie ich später noch belegen werde, ist das eine absolut lohnende Investition, wenn es um die geistige Leistungsfähigkeit und Konzentration der Mitarbeitenden bei der Arbeit geht. Aber auch wenn Wasser nicht kostenfrei zur Verfügung gestellt wird, ermutige ich jeden und jede dazu, mehr zu trinken. Die empfohlene Menge von 1,5 Litern für einen Erwachsenen pro Tag ist sehr minimalistisch berechnet. Unterschiedliche Expertinnen und Experten aus dem Bereich der Ernährungswissenschaft bestätigen – unabhängig voneinander – einen deutlich höheren Bedarf. Je nach körperlicher Aktivität kann mit 35 Millilitern Flüssigkeit pro Kilogramm Körpergewicht gerechnet werden. Und, da diese Frage immer wieder kommt und wissenschaftlich keine Einigung darüber besteht: immer zusätzlich zum Konsum von Kaffee.

Der Konsum von Kaffee hat aber auch Auswirkungen auf die im nächsten Abschnitt erklärte Qualität des Schlafes. Hier spielt neben der gesamten konsumierten Menge auch der Zeitpunkt des Trinkens eine gewichtige Rolle. Denn selbst sechs Stunden vor dem Schlafengehen wirkt sich Koffein laut Forschenden der Universität Griffith noch auf den Schlaf aus: Durchschnittlich schliefen Teilnehmende ihrer Studie weniger und schlechter (O'Callaghan et al., 2018). Ich empfehle daher, Kaffee als Genussmittel und nicht als Energiegeber zu betrachten und darauf zu achten, dass der Kaffeekonsum nicht zulasten der Schlafqualität geht.

Neben der reinen Aufnahme von Nahrung spielt die psychologische Komponente der Ernährung eine ebenso bedeutende Rolle. Unser Essverhalten wird stark von unseren Emotionen, sozialen Interaktionen und kulturellen Normen beeinflusst. Das Bewusstsein für diese Einflüsse und ein achtsamer Umgang mit Lebensmitteln können zu einer gesünderen Beziehung zum Essen und letztlich zu einem verbesserten Wohlbefinden führen.

Praxis

Für viele Teams ist die gemeinsame Mittagspause ein festes Ritual. Der Druck, ständig erreichbar sein zu müssen, und die Angst, etwas in den sozialen Medien zu verpassen, verleitet Menschen jedoch auch dazu, das Smartphone selbst beim Essen griffbereit zu haben. Das Handy beim Essen in der Hosentasche zu lassen stärkt nicht nur den Erhalt echter sozialer Kontakte, sondern fördert auch ein besseres Bewusstsein für die Nahrungsaufnahme. Um dieses Verhalten zu fördern, kann es hilfreich sein, den Essensbereich im Unternehmen als smartphone- und meetingfreie Zone zu kennzeichnen. Richtig kommuniziert ist das eine wunderbare Möglichkeit, Nahrungsaufnahme wieder als sozialen Event zu erleben.

Erholung
In der heutigen schnelllebigen und technologiegetriebenen Welt ist das Verständnis von Belastung und Erholung wichtiger denn je.

Um nachhaltig gesund und erfolgreich arbeiten zu können, muss die richtige Balance zwischen Belastung und Erholung bestehen. Doch gerade der Bereich Erholung ist in der Arbeitswelt noch zu wenig verankert, obwohl sich unterschiedliche wissenschaftliche Arbeiten damit befassen. Forschungen zeigen, dass Mitarbeitende, die regelmäßig Pausen einlegen und diese als Zeit zum Aufladen nutzen, weniger Stress empfinden und ihre Produktivität aufrechterhalten.

Untersuchungen bestätigen, dass sich das bewusste Management der Arbeitszeit positiv auf die Leistung und das Wohlbefinden von Mitarbeitenden auswirkt. In ihrer Forschungsarbeit untersuchen Hunter und Wu (2016), wie unterschiedliche Pausenaktivitäten während des Arbeitstages zum Auffüllen von Ressourcen beitragen können. Die Autoren stellen fest, dass das Management der Arbeitszeit, einschließlich der sinnvollen Gestaltung von Pausen, nicht nur die unmittelbare Leistungsfähigkeit verbessert, sondern auch signifikant zur langfristigen Gesundheit und Zufriedenheit der Mitarbeitenden beiträgt.

Der Begriff »Erholung« meint den Prozess, durch den sich Menschen von den psychischen, physischen und emotionalen Anforderungen erholen, die durch Stress ausgelöst wurden. Dieser Prozess hilft dabei, das Gleichgewicht wiederherzustellen, die durch Stress verbrauchten Ressourcen *aufzuladen* und das allgemeine Wohlbefinden zu fördern.

Findet neben Belastung keine regelmäßige und gute Erholung statt, führt dies zur Überlastung – im Arbeitskontext äußert sich das in Erschöpfung, mentaler Energielosigkeit und den Folgen daraus. Überlastung aufgrund unzureichender Erholung im

Arbeitsalltag ist vergleichbar mit dem Übertraining im Sport. Im Spitzen- und Leistungssport wird daher bereits seit vielen Jahren nicht nur zum Thema Regeneration geforscht, sondern diese vor allem auch aktiv in die Trainingspläne der Sportlerinnen und Sportler integriert.

Dass die Erkenntnisse zur Messung und Analyse der Erholung aus dem Bereich des Leistungssports auch auf den beruflichen Kontext übertragen werden können, um Überlastung am Arbeitsplatz durch unzureichende Erholung zu vermeiden, zeigen wissenschaftliche Untersuchungen wie die Arbeit »Recovery Analysis for Athletic Training Based on Heart Rate Variability« des Unternehmens Firstbeat Technologies (Firstbeat, 2015). Die Arbeit basiert auf der Messung und Analyse der Herzratenvariabilität (HRV), die erfolgte, um Einblicke in körperliche und mentale Zustände von Individuen zu gewinnen.

Die HRV ist ein wissenschaftlich anerkannter Parameter, der häufig im Kontext von Stressmanagement und Erholungsforschung verwendet wird. HRV misst die zeitlichen Abstände zwischen aufeinanderfolgenden Herzschlägen und ist ein Indikator für die Aktivität des autonomen Nervensystems (ANS), das die unbewussten Körperfunktionen steuert. Dieses Wissen und die Erkenntnisse aus dem Leistungssport lassen sich problemlos in die Arbeitswelt übertragen und ermöglichen es Unternehmen, die Arbeitsbedingungen und die Gesundheit der Mitarbeitenden zu verbessern – ähnlich der Optimierung von Trainingsplänen für Athleten.

Praxis

Die Bereitstellung ausgewiesener »Recharge-Zonen« im Unternehmen kann einen enormen Beitrag zum Wohnbefinden der Mitarbeitenden leisten – hier können sie körperlich und geistig aufladen.

In einem Kundenprojekt wurde dafür ein ungenutzter Bereich im Büro entsprechend umgestaltet und durch eine veränderte Anordnung der Möblierung vom restlichen Teil des Büros abgeschirmt. In diesem Bereich gibt es nun keine visuellen Ablenkungen mehr, dafür aber die Möglichkeit, über Kopfhörer Musik zu hören, und eine Anleitung zum Aufladen über gezielte Atemübungen und Übungen zur Erholung der Augen. Nun können Mitarbeitende diesen Bereich bewusst als Auflade-Zone nutzen. Nötig hierfür war lediglich eine kleine Umgestaltung der vorhandenen Räume und die passende Kommunikationsstrategie.

Für viele Menschen bedeutet Erholung schlicht, eine Pause zu machen. Doch die Formulierung *Pause machen* ist im Arbeitskontext, meinen Erfahrungen nach, oft negativ besetzt – sowohl bei Mitarbeitenden als auch bei Führungskräften. Pausen werden oft als unproduktive und teils sogar verlorene Zeit betrachtet. Daher ist es mir an dieser

Stelle ein großes Anliegen, Führungskräfte und Mitarbeitende zum Umdenken zu bewegen.

Ein Paradebeispiel für eine typische Pausentätigkeit ist das Checken der Social-Media-Kanäle. Aus neurologischer Sicht ist das Checken der sozialen Medien eine enorme Belastung, da in Millisekunden Entscheidungen getroffen werden müssen. Interessant, uninteressant? Liken, nicht liken? Kommentieren, nicht kommentieren? Ein echter Energie-Killer. Bei dieser Form des Pausemachens kann man eher von einer *Unterbrechung der Arbeit* sprechen – jedoch nicht vom *Aufladen*.

Die Effektivität der Erholung hängt maßgeblich davon ab, inwieweit die für die Pause gewählten Aktivitäten es dem Individuum ermöglichen, sich geistig und emotional von den Anforderungen zu lösen, die bei ihm Stress ausgelöst haben. Nur wenn das Loslassen gelingt, ist auch das *Aufladen* möglich.

Praxis

Im Coaching und den Energy-Trainings erarbeite ich mit den Teilnehmenden neben den Energie-Killern immer auch die Performance-Booster. Vielen Menschen fällt es leicht, die Dinge aufzuzählen, die ihnen Energie rauben. Umso wichtiger ist es, ein Verständnis für die Energiegeber zu entwickeln und diese in den Arbeitsalltag zu integrieren. Die Rechnung ist hier einfach: Je mehr energiegebendes Verhalten ich proaktiv in meinen Arbeitsalltag integrieren kann, desto weniger Zeit bleibt für die Energie-Räuber.

Ein Energy-Booster, den wir alle gemeinsam haben, ist der Schlaf. Da dieser aber heutzutage bei immer mehr Menschen gestört ist, möchte ich diesem Thema einen eigenen Teil widmen, da ein verbessertes Schlafverhalten einen enormen Einfluss auf die Gesundheit und die menschliche Leistungsfähigkeit hat.

4.2   Gesunder Schlaf

Schlaf ist meiner Erfahrung nach die am meisten unterschätzte Ressource – bildet er doch die Basis für unsere Leistungsfähigkeit im Arbeitskontext. Für viele Menschen ist Schlaf schlicht ein notwendiges Übel. Dabei ist Schlaf eine wahre Superkraft und von entscheidender Bedeutung für unsere Gesundheit und unser Wohlbefinden (Bryan/Peters, 2024).

Regeneration und Erholung

Während des Schlafs regeneriert sich unser Körper: Zellen werden reparieren, Gewebe wachsen und das Immunsystem wird gestärkt. Schlaf ermöglicht es uns, Energie aufzutanken und uns für den nächsten Tag zu erholen.

Gesundheitliche Risiken

Schlechter Schlaf ist mit verschiedenen Gesundheitsrisiken verbunden, darunter ein höheres Risiko für Atemwegserkrankungen und Herzkrankheiten. Eine gute Schlafqualität beeinflusst das Immunsystem, die Blutzuckerregulierung und die Darmgesundheit positiv.

Stressabbau

Während des Schlafs entspannt sich unser zentrales Nervensystem am meisten. Guter Schlaf wirkt wie ein Reset für unser Nervensystem und hilft uns dabei, Stress abzubauen.

Psychisches Wohlbefinden

Ausreichender Schlaf trägt dazu bei, negative Emotionen besser zu verarbeiten. Wir sind weniger gereizt und können den täglichen Stress besser bewältigen.

Die oben genannten Prozesse finden in unterschiedlichen Phasen unseres Schlafes statt:

Einschlafphase

In dieser Phase, die nur wenige Minuten dauert, verlangsamen sich Herzschlag und Atmung, die Muskeln entspannen sich und die Augenbewegungen werden langsamer. Die Gehirnwellen verlangsamen sich und zeigen das Muster des Alpha- und Theta-Rhythmus.

Leichtschlafphase

In dieser Phase sinkt der Körper weiter in den Schlaf. Der Stoffwechsel verlangsamt sich, was zur Energieeinsparung beiträgt. Zudem treten spezifische Gehirnwellenmuster auf – als Schlafspindeln und K-Komplexe bekannt –, die helfen, den Schlaf zu stabilisieren und das Gehirn vor äußeren Störungen zu schützen.

Tiefschlafphase

In dieser Phase findet die körperliche Erholung statt. Gewebe werden repariert, und Wachstumshormone werden ausgeschüttet. Gleichzeitig wird hier das Immunsystem gestärkt. Im Gehirn dominieren Delta-Wellen, die langsamsten und größten Wellen.

REM-Schlafphase

In dieser Phase finden die meisten Träume statt. Die Augen bewegen sich schnell unter den geschlossenen Lidern. Das Gehirn ist fast so aktiv wie im Wachzustand, was für die Verarbeitung von Informationen und die emotionale Gesundheit wichtig ist. Die REM-Phase spielt eine wichtige Rolle bei der Gedächtnisbildung und beim Lernen. Informationen werden im Langzeitgedächtnis gespeichert und verarbeitet.

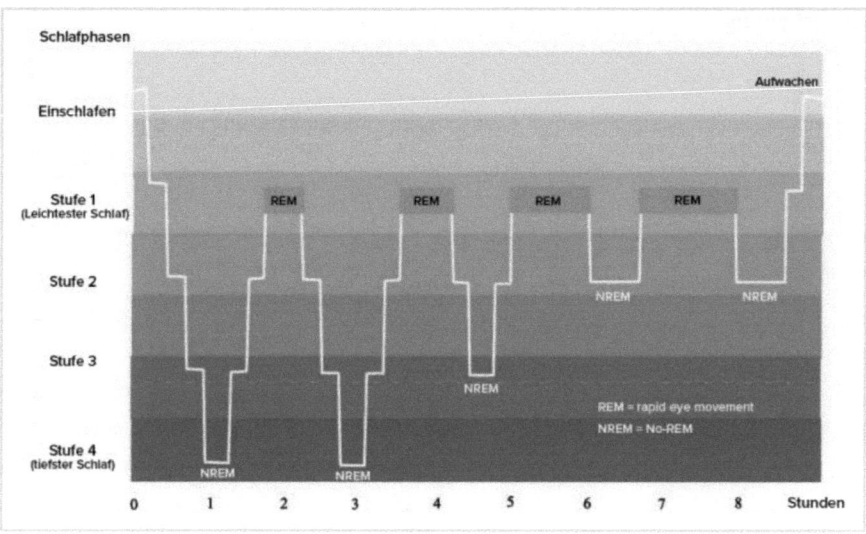

Quelle: https://de.statista.com/infografik/29586/befragte-die-unter-schlafstoerungen-leiden/

Doch Schlaf ist nicht gleich Schlaf – Qualität und Dauer sind ausschlaggebend. Die US-amerikanische National Sleep Foundation (NSF) spricht für die verschiedenen Lebens- bzw. Altersphasen folgende Schlafempfehlungen aus (National Sleep Foundation, 2020):

Schlafempfehlungen nach NHF	
Schulkinder (6–13 Jahre)	9 bis 11 Stunden
Teenager (14–17 Jahre)	8 bis 10 Stunden
Junge Erwachsene (18–25 Jahre)	7 bis 9 Stunden
Erwachsene (26–64 Jahre)	7 bis 9 Stunden
Seniorinnen und Senioren (ab 65 Jahre)	7 bis 8 Stunden

Die Empfehlungen der NHF decken sich mit vielen wissenschaftlichen Studien, die das Thema Schlafdauer zum Gegenstand hatten. Somit benötigen Erwachsene im Alter von 26 bis 64 Jahren regelmäßig ca. 8 Stunden qualitativ guten Schlaf, um voll erholt und *aufgeladen* zu sein.

Erwachsene im Alter von 26 bis 64 Jahren benötigen regelmäßig ca. 8 Stunden qualitativ guten Schlaf, um voll erholt und aufgeladen zu sein.

Selbstverständlich gibt es individuelle Abweichungen, aber die Wahrscheinlichkeit, mit deutlich weniger Schlaf auszukommen, liegt statistisch gesehen bei unter 1%.

Laut Statista erreichen diese 8 Stunden jedoch nur 15% der Bevölkerung – Deutschland ist müde.

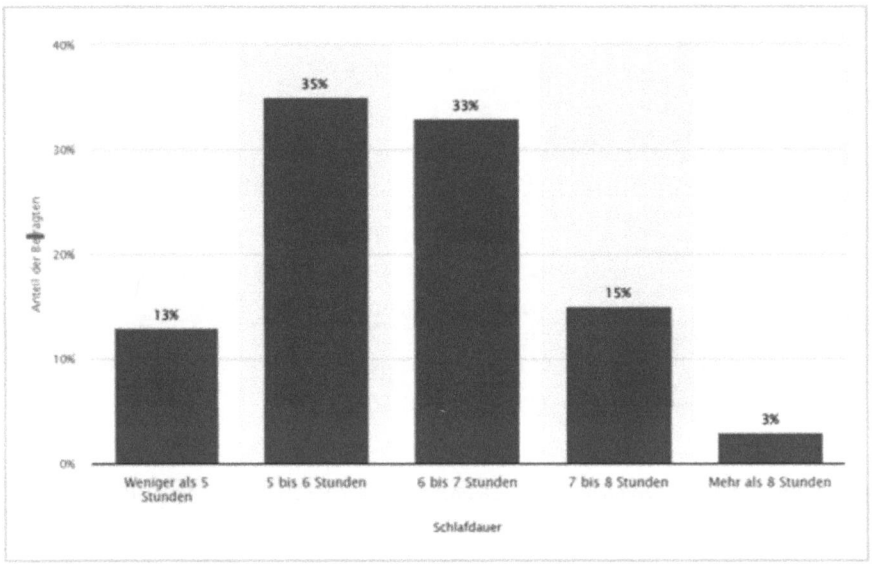

Quelle: https://cloud-minded.de/magazin/schlafphasen/

Aber nicht nur die Gesamtdauer des Schlafs ist wichtig, sondern auch die Qualität unseres Schlafs. Qualitativ schlechter Schlaf lässt sich an folgendem Bild sehr gut beschreiben: Am Abend, vor dem Zubettgehen, hat der Handyakku noch 15%. Um am Morgen volle Power zu haben, wird das Handy über Nacht ans Ladekabel gehängt. Am nächsten Morgen hat der Akku trotz ausreichend Zeit zum Aufladen jedoch nur 80%. Der Grund: Das Ladekabel hatte einen Wackelkontakt.

Das Gleiche passiert, wenn unser Schlaf gestört ist oder mit einer ungünstigen Schlafhygiene in Verbindung steht. Den Daten der Statista Consumer Insights zufolge litten im Jahr 2022 durchschnittlich 43% der deutschen Bevölkerung an Schlafstörungen (Statista, 2023).

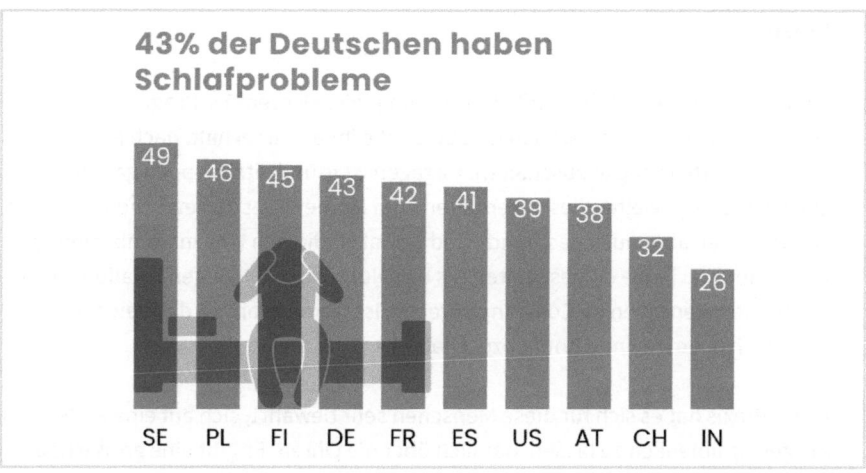

43% der Deutschen haben Schlafprobleme

49 46 45 43 42 41 39 38 32 26

SE PL FI DE FR ES US AT CH IN

Quelle: Statista, 2023

Leider trägt die Digitalisierung gepaart mit dem Fehlen gesunder Gewohnheiten zu einer schlechten Schlafqualität bei. Bis kurz vor dem Zubettgehen arbeiten, »Fernsehschlafen« oder die Berieselung durch die sozialen Medien sorgen für einen *Wackelkontakt* in unserem Schlaf.

Dies bestätigt auch eine Studie aus dem Jahr 2021 (Ellahi et al., 2021), die sich mit der Nutzung von Smartphones vor dem Schlafengehen und deren Auswirkungen auf das arbeitsbezogene Verhalten am Arbeitsplatz beschäftigt hat. Die Studie fand heraus, dass die Nutzung von Smartphones und anderen digitalen Geräten vor dem Schlafengehen die Zeit, die zum Einschlafen benötigt wird, verlängert, was zu einer Verschiebung der gesamten Schlafphasen führen kann und damit die Qualität des Schlafs insgesamt beeinträchtigt.

Weiter wurde gezeigt, dass Erwachsene, die ihre Smartphones vor dem Schlafengehen benutzen, häufig von einer schlechteren Schlafqualität berichteten, was nicht nur Schwierigkeiten beim Einschlafen beinhaltete, sondern auch häufigeres nächtliches Erwachen und eine kürzere Tiefschlafphase. Ähnliche Ergebnisse konnten auch für die – mit Blick auf die Leistungsfähigkeit unseres Gehirns so wichtige – REM-Schlafphase festgestellt werden.

Aber nicht nur das Zubettgehen gehört zur Schlafroutine, sondern auch das Aufstehen zu einer möglichst gleichen Zeit – auch am Wochenende.

Welche technologischen Möglichkeiten und Settings es gibt, um die Entwicklung einer gesunden Routine zum Runterfahren zu unterstützen, beschreiben Alex und ich im Kapitel »Runterfahren« (Kapitel 5.6).

Praxis

Für viele Menschen ist die sanfte Berieselung mit seichtem TV-Programm bis zum Einschlafen eine notwendige Routine, die ihnen dabei hilft, nach einem stressigen Arbeitstag abzuschalten. Dagegen ist grundsätzlich auch gar nichts einzuwenden, je weiter dieses Verhalten vom Moment des Zubettgehens entfernt ist. Oft finden aber auch das Handy und Social Media den Weg ins Schlafzimmer und bleiben so lange eingeschaltet, bis den Nutzenden die Augen zufallen. Wenn ich mit den Menschen im Coaching spreche, ist die Antwort oft die gleiche: »Das brauche ich, um meinen Kopf abzuschalten.«

In der Praxis hat es sich für diese Menschen sehr bewährt, sich auf eine andere Art geistig ablenken zu lassen, nämlich über die Ohren. Es gibt eine großartige Auswahl an Hörbüchern, Schlafgeschichten oder Binaural Beats, die das Gehirn in den Ruhemodus versetzen und so für einen deutlich gesünderen und hochwertigeren Eintritt in den Schlaf sorgen. Viele meiner Coachees haben nach der Umstellung von TV-Ablenkung auf akustische Ablenkung ein subjektiv besseres Schlafempfinden und fühlen sich bereits nach kurzer Zeit am Morgen energiegeladener.

4.3 Wacher Kopf

Unser Gehirn und unsere Nerven bilden ein faszinierendes System, das sich über Millionen von Jahren entwickelt, aber bei Weitem noch nicht an die Einflüsse der digitalen Arbeits- und Lebenswelt angepasst hat.

Evolutionär ist dieses System darauf ausgerichtet, durch das Treffen richtiger Entscheidungen unseren Körper vor Gefahren zu schützen, die Leistungsfähigkeit aufrechtzuerhalten und damit das Überleben zu sichern. Die Normalität unseres Arbeits- und Privatlebens fördert dieses Veralten aber nicht immer. Oft fällt es Menschen schwer, bessere Entscheidungen zu treffen. Eine dafür mögliche Theorie beschreibt Dr. med. Michael Nehls in seinem Spiegel-Bestseller »Das erschöpfte Gehirn«. Die darin beschriebene Ego-Depletion bezieht sich auf die Theorie, dass die Selbstkontrolle oder Willenskraft eine begrenzte Ressource ist, die mit der Zeit erschöpft werden kann. Bildlich erklärt ist unsere Fähigkeit zur Selbstkontrolle und Willenskraft also wie eine Batterie, die mit der Zeit und durch Nutzung leer wird – ein leerer mentaler Akku.

> »Der Grund für diese mentale Erschöpfung ist, dass täglich nur eine begrenzte Menge an mentaler Energie zur Verfügung steht, die insbesondere von unserem Frontalhirn für alle seine exekutiven Aufgaben benötigt wird.«
>
> Nehls, 2022, S. 26

Diese Idee wurde ursprünglich von den Psychologen Roy Baumeister, Ellen Bratslavsky, Mark Muraven und Dianne Tice vorgestellt. Exekutive Funktionen sind wesentliche kognitive Prozesse, die vom Frontalhirn gesteuert werden und entscheidend für zielgerichtetes Verhalten sind.

Sie umfassen (Nehls, 2022):
- das Setzen von Zielen sowie die Erstellung einer Prioritätenliste bei mehreren Zielen
- die Entwicklung von Handlungsplänen zur Erreichung des Primärziels und möglicher weiterer Ziele
- die Analyse möglicher Hürden und Schwierigkeiten
- die Eigenmotivation und die Motivierung möglicher Partner oder Teammitglieder, die eventuell beim Erreichen der Ziele mithelfen sollen
- die andauernde Aufmerksamkeitssteuerung und emotionale Selbstkontrolle bei der zielgerichteten Umsetzung
- die ständige Analyse sämtlicher Zwischenergebnisse mit Abgleich der ursprünglichen Planung unter Mithilfe des Arbeitsgedächtnisses
- die unter Umständen notwendige Plan- und Selbstkorrekturen

Diese Funktionen sind grundlegend für das Lernen, Problemlösen und die Anpassung an neue Situationen. Ihre Beeinträchtigung kann weitreichende Auswirkungen auf die alltägliche Lebensführung, die Arbeitsleistung, die Arbeitszufriedenheit und das allgemeine Wohlbefinden des betroffenen Menschen haben.

Zwar wird die Theorie der Ego-Depletion wissenschaftlich kontrovers diskutiert, aber es könnte einen Zusammenhang zwischen dem Anstieg mentaler Energielosigkeit im Arbeitskontext und der »Normalität« im digitalen Zeitalter geben. Diese Bereiche miteinander in Verbindung zu bringen kann dabei helfen, die Herausforderungen zu verstehen, die die moderne Arbeitswelt für die geistige Leistungsfähigkeit darstellt.

Unterschiedliche Studienergebnisse zeigen, dass in einer Arbeitsumgebung, die durch eine große Menge an Arbeitsanforderungen, ständigen Unterbrechungen und ein hohes Maß an Multitasking gekennzeichnet ist, diese mentale Energie rasch verbraucht wird. Die »neue Normalität« des digitalen Zeitalters mit ihrer Anforderung, always on und produktiv zu sein, kann daher zu einer kontinuierlichen Belastung dieser mentalen Ressourcen führen, was das Risiko für Ego-Depletion erhöht (Mark et al., 2008).

Laut der TK-Stress-Studie 2021 zählt die Flut an Informationen zu den Hauptstressoren am Arbeitsplatz und resultiert bei vielen Menschen im Multitasking. Gleichzeitig telefonieren und E-Mails checken oder während des Online-Meetings an einer Präsentation arbeiten – für viele Menschen gehört all das zum normalen Arbeitsalltag. Doch Expertinnen und Experten aus Psychologie und Neurowissenschaften betonen:

Multitasking ist eine Illusion. In einem Artikel der Techniker Krankenkasse vom März 2023 erklärt Hirnforscher Professor Ernst Pöppel, dass Multitasking in Wirklichkeit bedeutet, verschiedene Aufgaben nacheinander zu erledigen und nicht gleichzeitig (Frobeen, 2023). Im gleichen Artikel erklärt Professor Iring Koch, Psychologe und Multitasking-Experte der Rheinisch-Westfälischen Technischen Hochschule Aachen:

> »Viele Menschen glauben zwar, dass sie mehrere Aufgaben gleichzeitig erledigen und Multitasking betreiben können. Tatsächlich wechseln sie aber in Bruchteilen von Sekunden von einer Aufgabe zur anderen. Und jedes Mal müssen sie ihre Aufmerksamkeit auf die neue Aufgabe ausrichten und entscheiden, was zu tun ist.«
>
> Koch in Frobeen, 2023

Multitasking ist also nur möglich, wenn Handlungen ganz automatisch ablaufen, etwa beim Telefonieren während eines Spaziergangs.

Unser Gehirn erhält pro Sekunde Millionen von Informationen über unsere Sinne, die im Ultrakurzzeitgedächtnis gespeichert werden. Ohne Aufmerksamkeit verflüchtigen sich diese Informationen schnell. Wenn wir ihnen jedoch Aufmerksamkeit schenken, bleiben sie länger bestehen und können im Arbeitsgedächtnis verarbeitet werden. Das Arbeitsgedächtnis ist das Nadelöhr, durch das Informationen hindurch müssen, um eventuell langfristig gespeichert zu werden. Nur was das Arbeitsgedächtnis passiert hat, können wir bewusst verarbeiten, mit anderen Informationen verknüpfen und uns später daran erinnern.

Die Kapazität des Arbeitsgedächtnisses und damit der Aufmerksamkeit ist begrenzt. Unser Gehirn nimmt deshalb immer nur Ausschnitte dessen bewusst auf, was wir wahrnehmen – die, die für uns bedeutsam oder unerwartet sind. Um sich auf die wichtige Information konzentrieren zu können, blendet unser Gehirn andere, irrelevante Reize aktiv aus. Dadurch ist Multitasking für mehrere relevante Aufgaben nicht möglich.

Multitasking führt oft zu Stress, da das Gehirn überlastet wird. Die Bundesanstalt für Arbeitsschutz und Arbeitsmedizin zählt Multitasking zu den bedeutenden Stressoren am Arbeitsplatz. Zwar gibt es Menschen, die Abwechslung lieben und sich in hektischen Situationen wohlfühlen, doch sie sind beim Multitasking nicht leistungsfähiger – sie empfinden lediglich weniger Stress. Die meisten Menschen erleben jedoch Stress, wenn sie mehrere Aufgaben gleichzeitig bewältigen müssen. Dies kann negative körperliche Reaktionen und ineffizientes Arbeiten zur Folge haben.

Vera Starker und ihr Team haben in der Tagebuchstudie von 2021 bis 2022 unter anderem untersucht, wie oft Beschäftigte bei der Arbeit unterbrochen werden (Fragmentierung), wie oft sie konzentrationsbedürftige Aufgaben parallel bearbeiten (Multitasking) und welche Folgen das für Unternehmen und Beschäftigte hat (Starker et al., 2022). Die Ergebnisse sind so erschreckend wie beeindruckend:

- Beschäftigte werden alle vier Minuten in ihrer Tätigkeit unterbrochen.
- Zweimal pro Stunde versuchen Beschäftigte, konzentrationsbedürftige Aufgaben parallel zu bearbeiten (Multitasking).
- Das Gehirn braucht nach jeder Unterbrechung Zeit, bis es wieder auf die Aufgabe konzentriert ist. Diese Refokussierungszeit kostet deutsche Unternehmen 58,5 Milliarden Euro pro Jahr.

Unterbrechungen bei der Arbeit kosten deutsche Unternehmen 58,5 Milliarden Euro im Jahr.

Die ständige Beanspruchung, ohne ausreichende Erholungsphasen für das zentrale Nervensystem, kann zudem zu chronischem Stress führen, der wiederum einen wesentlichen Grund für mentale Energielosigkeit darstellt. Diese kann sich in steigenden Fehlzeiten, Burnout-Raten und einer erhöhten Fluktuation widerspiegeln, da Mitarbeitende nach nachhaltigeren Arbeitsumgebungen suchen oder Zeit für ihre Erholung benötigen.

Die Beziehung zwischen dem autonomen Nervensystem und kognitiven Aufgaben wie Multitasking ist komplex. Multitasking erhöht die kognitive Belastung, was oft zu einer verstärkten Aktivierung des sympathischen Nervensystems führt. Dies äußert sich in erhöhtem Stress und reduzierter Effektivität bei der Aufgabenbewältigung. Die Aktivität des autonomen Nervensystems, insbesondere die Balance zwischen dem sympathischen und parasympathischen System, spielt eine entscheidende Rolle bei der Regulation der körperlichen Reaktionen auf kognitive Anforderungen (Becker et al., 2022).

Daher gehört dem Erhalt der geistigen Leistungsfähigkeit im Folgenden die ganze Aufmerksamkeit. Ein solcher Ansatz ist besonders relevant in einer Arbeitswelt, die durch ständige Konnektivität, Multitasking, den Druck, immer erreichbar zu sein, und Jobsicherheit geprägt ist – Faktoren, die zur mentalen Energielosigkeit beitragen können.

Augen: Input – Interpretation – Output
Sehr vereinfacht ausgedrückt funktioniert der menschliche Körper immer nach einem bestimmten Muster: Reizinput, Interpretation dieses Reizes, Reaktion. In diesem Zusammenhang schreiben die Autoren des Buches »Neuronale Heilung«:

»Ihr körperliches Wohlbefinden, ihre Leistungsfähigkeit, ihre Gesundheit und ihr Verhalten hängen immer zu großen Teilen davon ab, wie gut die Qualität der aufgenommenen Informationen, der Weiterleitung dieser Informationen sowie der verarbeitenden Prozesse ist, die im Gehirn und im zentralen Nervensystem ablaufen.«

Lienhard/Schmid-Fetzer, 2020, S. 11

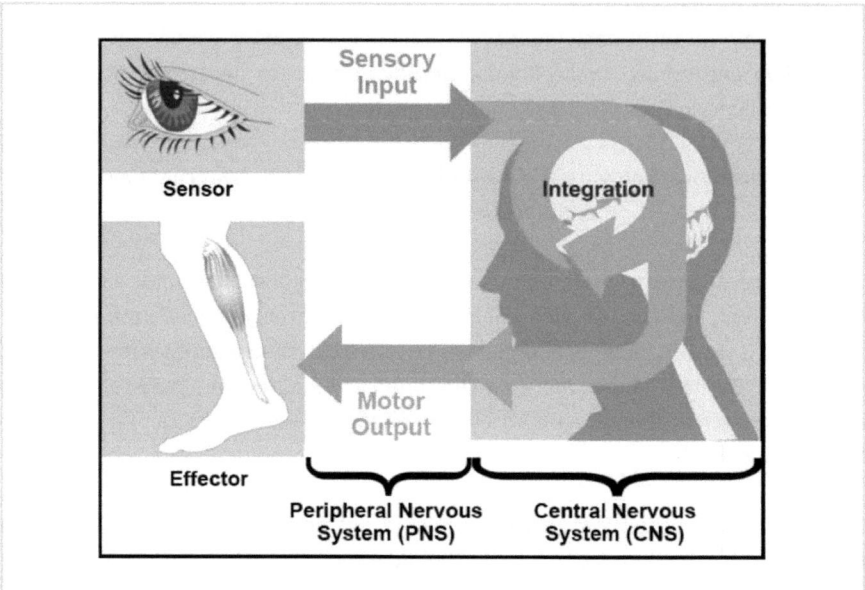

Quelle: https://www.performance-chiemgau.com/was-ist-neurozentriertes-training/

Für die Aufrechterhaltung der geistigen Leistungsfähigkeit in einer von Bildschirmarbeit geprägten Arbeitswelt spielen unsere Augen daher eine entscheidende Rolle. Etwa 70–80 % der Reizwahrnehmung findet über die Augen statt. Diese Reize werden im Gehirn ausgewertet, analysiert und interpretiert.

Etwa 70 bis 80 % der Reizwahrnehmung findet über die Augen statt.

Die Augen nehmen pro Sekunde ca. 10 Millionen Informationen auf und machen diese damit zu unserem leistungsfähigsten Sinnesorgan (Walther, 2024).

»Visuelle Daten werden unter anderem im Mittelhirn verarbeitet, genau in dem Bereich, der auch in engem Zusammenhang mit dem sympathischen Nervensystem steht. Das bedeutet, dass durch eine visuelle Überbeanspruchung des Sympathikus – Ihr Leistungssystem – ständig in Bereitschaft ist, und der Parasympathikus – Ihr Ruhesystem – nur unzureichend arbeiten kann.«

Lienhard/Schmidt-Fetzer, 2020, S. 235

Die ständige Reiz- und meist visuelle Informationsüberflutung ist eine echte Herausforderung für unser zentrales Nervensystem, da unser Gehirn nicht dafür ausgelegt ist, mit der enormen Menge an Informationen umzugehen, die wir in der modernen Welt täglich erhalten.

Unser Gehirn hat eine begrenzte Kapazität zur Verarbeitung von Informationen. Wenn wir mit zu vielen Reizen konfrontiert werden, kann das zu einer Überlastung führen, was das Verarbeiten und Verstehen von Informationen erschwert. Gleichzeitig ist unsere Aufmerksamkeit eine begrenzte Ressource. Dauerhafte und übermäßige Reizüberflutung kann dazu führen, dass wir uns schlechter konzentrieren können und schneller ermüden. Das Aufteilen der Aufmerksamkeit auf viele verschiedene Reize kann die Qualität der Verarbeitung jedes einzelnen Reizes mindern, was bereits in den Auswirkungen des Multitasking beschrieben wurde. Um dieses System zu durchbrechen, ist es wichtig, den Augen einen regelmäßigen Ausgleich zur konzentrierten Bildschirmarbeit zu geben, um über diesen Weg dem zentralen Nervensystem eine kurze Zeit zum Aufladen zu verschaffen.

In ihrem Buch »Besser sehen in 21 Tagen« schreibt die Expertin für neurozentriertes Training Luise Walther, dass es beim Sehtraining nicht nur um die Augen geht, sondern vielmehr darum, das Gehirn zu trainieren, damit es die visuellen Informationen, die es von den Augen erhält, besser verarbeiten kann (Walther, 2024). Das Buch liefert viele praktische und einfach anwendbare Übungen, die das Gehirn über die Augen zu trainieren. Wie Technologie dabei unterstützen kann, solche Übungen zeitlich in den Arbeitsalltag zu integrieren, erkläre ich in Kapitel 5 »Energie sparen« im Teil »Energy-Boxing«.

Doch auch für eine geplante Rückkehr ins Büro nach längerer Zeit im Homeoffice stellen besonders visuelle Ablenkungen für viele Mitarbeitende eine echte Herausforderung dar. So zeigen Studien, dass z. B. offene Bürolandschaften, in denen viele visuelle Reize vorhanden sind, oft zu höherer Ablenkung und reduzierter Arbeitsleistung und Produktivität führen können (van der Voordt/Jensen, 2021).

Offene Bürolandschaften bieten viele Vorteile, bergen jedoch auch das Risiko, dass visuelle Reize die Konzentration der Mitarbeitenden beeinträchtigen. Eine effektive Maßnahme, um diese Herausforderung zu meistern, ist die Installation von Trennwänden oder Pflanzenarrangements. Diese visuellen Barrieren tragen dazu bei, störende

Reize zu reduzieren, und schaffen gleichzeitig eine angenehmere Arbeitsumgebung. Zusätzlich spielt das Design der Arbeitsplätze eine wichtige Rolle. Der Einsatz von beruhigenden Farben und einem minimalistischen Design kann erheblich zur Reduzierung von Ablenkungen beitragen.

Ein weiterer wichtiger Bestandteil des Ablenkungsmanagements ist die Einrichtung von »ruhigen Zonen«. Diese Bereiche sind gezielt darauf ausgelegt, Mitarbeitenden die Möglichkeit zu bieten, ungestört und konzentriert zu arbeiten. In diese Zonen können sie sich zurückziehen, um anspruchsvolle Aufgaben zu erledigen oder kreative Ideen zu entwickeln, ohne von übermäßigen visuellen Reizen abgelenkt zu werden.

Durch die Kombination dieser Maßnahmen können Unternehmen eine Arbeitsumgebung schaffen, die nicht nur die Produktivität der Mitarbeitenden fördert, sondern auch deren Wohlbefinden steigert. Eine durchdachte Gestaltung des Arbeitsraums ist daher ein wesentlicher Bestandteil einer erfolgreichen Strategie zur Rückkehr ins Büro.

Atmung: 20K

Ein erwachsener Mensch führt täglich ca. 18.000 bis 20.000 Atemzüge aus. Das Atmen hat einen maßgeblichen Einfluss auf unsere Gesundheit und unsere geistige Leistungsfähigkeit.

Von Natur aus ist der Mensch mit zwei Atemsystemen ausgestattet – einer Stressatmung und einer Entspannungsatmung. Diese werden über eine ausgeglichene Aktivität von Sympathikus (Stress) und Parasympathikus (Entspannung) gesteuert.

Stressatmung sollte evolutionär dann stattfinden, wenn wir uns im Kampf-oder-Flucht-Modus befinden, um zu überleben (Sympathikus). Dabei ist die Atmung in ihrer Ausprägung eher vertikal, flach, schnell und erfolgt über den Mund. Von außen ist Stressatmung oft durch ein sichtbares Heben und Senken des Schultergürtels erkennbar. Atmen mir auf diese Art und Weise, werden noch mehr Stresshormone produziert. Leider befinden sich auch immer mehr Menschen in diesem Atemmuster, obwohl sie sich nicht in einer Kampf- oder Fluchtsituation befinden – sondern im privaten Alltag oder im Berufsleben.

Im Gegensatz zur vertikalen und flachen Stressatmung sieht eine entspannte Atmung horizontal, tief und gleichmäßig aus und findet über die Nase statt. Dieses Atemmuster wird über den Parasympathikus aktiviert und signalisiert unserem zentralen Nervensystem Ruhe und Zeit für Verdauung. Auch wenn dies nicht ganz korrekt ist, spricht man im Volksmund hier häufig von »Bauchatmung«. Für diese entspannte Form der Atmung ist die Funktionalität des Zwerchfells in Verbindung mit einem beweglichen Rippenbogen notwendig.

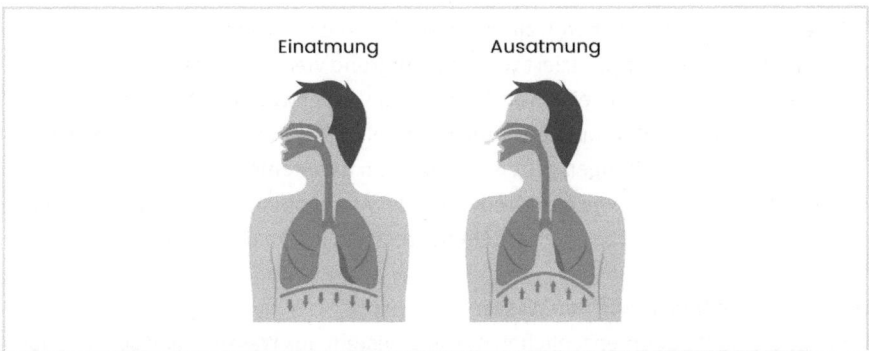

Quelle: Johannes Oberhofer / Canva

Langes Sitzen und Stehen in gebeugter Haltung kann die Beweglichkeit der Rippen und die Funktion des Zwerchfells beeinträchtigen. Eine Studie aus dem Jahr 2018 untersuchte den Einfluss der nach vorn geneigten Kopfhaltung (Forward Head Posture, FHP) auf die Form des Brustkorbs und die Atemfunktion. Dabei stellte sich heraus, dass FHP die Lungenfunktion deutlich reduziert, einschließlich der Menge an Luft, die nach tiefem Einatmen ausgeatmet werden kann. Die Studie zeigte, dass diese Haltung die notwendige Beweglichkeit des Brustkorbs während der Atmung einschränkt (Zafar et al., 2018).

Durch die nach vorn geneigte Kopfhaltung kommt es zu einer Rundung der Schultern und einer Krümmung der oberen Wirbelsäule. Diese veränderte Körperhaltung führt zu einer Kompression des Brustkorbs, wodurch weniger Platz für die Lunge bleibt, um sich vollständig zu entfalten. Die eingeschränkte Beweglichkeit der Rippen und des Zwerchfells beeinträchtigt die Atemkapazität weiter, was zu einer signifikanten Reduktion der Lungenfunktion führt. In der Folge wird auch die Effizienz der Atmung verringert, da das Zwerchfell in dieser Haltung weniger effektiv arbeiten kann.

Diese Ergebnisse sollten uns dazu motivieren, unsere Körperhaltung regelmäßig zu verändern und der Atmung mehr Aufmerksamkeit zu schenken, denn jeden Tag ergeben sich ca. 20.000 Möglichkeiten, effizienter und mit weniger Stress zu atmen.

Praxis

Mit diesem Wissen haben ich und mein Team in unseren Assessments immer auch das Atemmuster unserer Coachees getestet – dysfunktionale Stressmuster waren hierbei oft auffällig und ein häufiger Grund für Beschwerden. Viele unserer Coachees haben uns bereits nach wenigen Wochen Training und Umstellung des Atemmusters von einem Rückgang der Beschwerden und generell weniger Stressempfinden im Alltag berichtet.

Was in vielen fernöstlichen Trainingspraktiken wie Yoga oder Qui-Gong schon seit Jahrhunderten praktiziert wird, hat aufgrund vieler wissenschaftlicher Untersuchungen auch bei uns an Aufmerksamkeit gewonnen. Dennoch stellen Assessments des Atemmusters immer noch eine Seltenheit dar und auch in medizinischen Untersuchungen geht es weniger um das Atemmuster als vielmehr um messbare Parameter wie Atemfrequenz oder Atemvolumen. Ein genauer Blick in den Spiegel und auf das eigene Atemmuster ist in jedem Fall lohnend.

Hydration – die Bedeutung von Wasser

Mehr als die Hälfte des menschlichen Körpers besteht aus Wasser – und so ist es auch mit dem Gehirn. Dieses essenzielle Organ ist auf eine ausreichende Flüssigkeitszufuhr – idealerweise in Form von Wasser – angewiesen, um optimal funktionieren zu können. Erhält der Köper im Laufe des Tages zu wenig Flüssigkeit, kann eine bekannte Folge das Auftreten von Kopfschmerzen sein.

Forschungen haben aber auch gezeigt, dass sich eine zu geringe Flüssigkeitszufuhr negativ auf das Gedächtnis, die Aufmerksamkeitsspanne und das Energielevel auswirken und so zu einem Produktivitätsverlust führen kann. Eine Studie hebt hervor, dass bereits ein Wasserverlust von 1 % des Körpergewichts zu einer Verringerung der kognitiven Fähigkeiten, Konzentration und Reaktionsgeschwindigkeit führen kann. Noch deutlicher wird der Effekt bei einer Dehydration von 3 bis 4 %, die die Produktivität um bis zu 50 % senken kann (Riebl et al., 2013).

Umgekehrt bestätigt eine Studie aus dem Jahr 2013, dass Wasser die visuelle Aufmerksamkeit 20 und 40 Minuten nach dem Konsum (300 ml) positiv beeinflusst und zu einer 14 %igen Steigerung der Produktivität der Arbeitnehmer führt (Hydrus, 2020).

Eine Dehydration von 3 bis 4 % kann die Produktivität um 25 bis 50 % senken.

Beide Erkenntnisse sind besonders bedeutend für Mitarbeitende, die Stunden an ihren Schreibtischen und vor Computerbildschirmen verbringen und Aufgaben ausführen, die visuelle Aufmerksamkeit und Wachsamkeit erfordern.

Zwar empfiehlt die Deutsche Gesellschaft für Ernährung (2020), 1,5 Liter Wasser pro Tag zu trinken, aber dies stellt unterschiedlichen Expertinnen und Experten zufolge nur ein Mindestmaß dar. Martin Rinderer, der Bereichsleiter Ernährungswissenschaft & Coaching des Olympiazentrum Vorarlberg, empfiehlt normal berufstätigen Menschen einen Liter Flüssigkeit pro 25 Kilogramm Körpergewicht – bei sportlicher Betätigung steigt dieser Bedarf noch an.

Im hektischen Arbeitsalltag fällt es den Menschen aber nicht immer leicht, genug zu trinken – oft wird das Trinken schlicht vergessen, obwohl die Flasche Wasser bereits am Arbeitsplatz steht.

Praxis

In meinem eigenen Arbeitsalltag fällt es auch mir – ohne die entsprechenden Gewohnheiten – nicht immer leicht, ausreichend Flüssigkeit zu mir zu nehmen. Daher greife ich hier erfolgreich auf das Tiny-Habits-Prinzip und das Koppeln von Gewohnheiten zurück. In meinem Arbeitsalltag bedeutet das konkret, dass ich an jedes Beenden eines Meetings das Trinken eines kleinen Glases Wasser kopple. Da ich tagsüber doch einige Meetings habe, entstehen daraus viele Trigger und Chancen, an dieses Muster die neue Gewohnheit zu koppeln.

4.4 Proaktive Resilienz

> *»It is not the strongest of the species that survives,*
> *not the most intelligent that survives.*
> *It is the one that is the most adaptable to change.«*
> Charles Darwin

Im Kontext des zukunftsorientierten Denkens gewinnt dieses Zitat eine besondere Bedeutung, denn es betont die Bedeutung der Anpassungsfähigkeit für das Überleben und den Erfolg.

In der heutigen Zeit der fortschreitenden Digitalisierung sehen sich Mitarbeitende mit einer Vielzahl von Herausforderungen konfrontiert. Während Technologie und Automatisierung die Arbeitswelt grundlegend verändern, sind es oft die menschlichen Faktoren, die den Unterschied zwischen Erfolg und Misserfolg ausmachen. Der Zukunftsforscher Prof. Dr. Thomas Druyen und die Forscherin Valeska Mangel erklären in ihrem Buch »Aus der Zukunft lernen – der Leitfaden für konkrete Veränderung«, dass uns diese enorme und historisch einmalige Beschleunigung unter Druck setzt und wir neu lernen müssen, damit umzugehen (Druyen/Mangel, 2023).

Die mentale Gesundheit, das Engagement der Mitarbeitenden und die Energie am Arbeitsplatz sind zu entscheidenden Faktoren geworden, um zusammen mit den technologischen Entwicklungen nachhaltige Performance sicherzustellen.

Im psychologischen Kontext beschreibt der Begriff »Resilienz« (von lateinisch resilire: zurückspringen, abprallen, nicht anhaften) Anpassungsfähigkeit bzw. den Prozess, in dem Personen auf Probleme und Veränderungen mit Anpassung ihres Verhaltens reagieren (Wikipedia, 2024a).

Prof. Druyen spricht in seinen Ausführungen von »Präsilienz«, die ich im Konzept Human.Recharge.Management. als »proaktive Resilienz« bezeichne. Gemeint ist, dass wir nicht mehr nur auf Druck und Veränderungen reagieren, sondern proaktiv Maßnahmen ergreifen sollten, die uns dabei helfen, uns auf Veränderung vorzubereiten, und es uns erlauben, an vergangenen Herausforderungen zu wachsen. Der Neurowissenschaftler und Psychiater Prof. Dr. Volker Busch verwendet anstelle von »Resilienz« auch den Begriff »mentales Immunsystem«, um die Fähigkeit des Gehirns, mit Stress, Belastungen und negativen Einflüssen umzugehen, zu unterstreichen. Ähnlich wie das körperliche Immunsystem, das den Körper vor Krankheiten schützt, hilft uns das mentale Immunsystem dabei, unsere psychische Gesundheit zu erhalten und unsere mentale Widerstandskraft zu stärken, indem es sich nicht nur anpasst (siehe Resilienz), sondern an jeder Herausforderung wächst und uns für die Zukunft klüger macht.

Die digitale Transformation bringt oft Unsicherheit und Stress mit sich. Daher ist es von größter Bedeutung, dass Mitarbeitende die Werkzeuge und die Unterstützung erhalten, die sie brauchen, um mit diesen Herausforderungen umzugehen. Der Förderung der mentalen Gesundheit sollte eine hohe Priorität eingeräumt werden. Die Integration der beschriebenen Prinzipien – Energie verstehen, managen und messen – ist ein wichtiger Teil davon. Indem wir das Verständnis von Gesundheit und Leistungsfähigkeit erweitern und unseren Lebensstil optimieren, bereiten wir uns auf die Herausforderungen von morgen vor.

Ein solches zukunftsorientiertes Mindset erkennt, dass Wohlbefinden und Leistungsfähigkeit nicht statisch sind, sondern sich ständig entwickeln müssen, um mit den sich ändernden Anforderungen unserer Umwelt Schritt zu halten.

Prof. Druyen spricht im Kontext eines zukunftsfähigen Mindsets von dem Modell der Konkrethik. Konkrethik legt den Fokus auf konkrete, praktische Handlungen statt auf abstrakte moralische Prinzipien. Es geht darum, wie Menschen in ihren täglichen Interaktionen und Entscheidungen Verantwortung übernehmen und moralisch handeln können (Druyen/Mangel, 2023). Dieses Modell auf den Ansatz proaktiver Resilienz zu übertragen bedeutet, vorausschauend zu denken und vor allem zu handeln, offen für Veränderungen zu sein und die Fähigkeit zu besitzen, sich schnell an neue Gegebenheiten anzupassen. Es geht darum, proaktiv zu sein statt reaktiv und die eigene Entwicklung kontinuierlich voranzutreiben, um nicht nur zu überleben, sondern aufzuleben.

Erfolg ist in Zukunft weniger eine Frage der physischen Stärke oder der reinen Intelligenz, sondern vielmehr eine Frage der Fähigkeit, mit einem sich ständig wandelnden

Umfeld kreativ und effektiv umzugehen. In einer Zeit, in der Veränderung die Norm ist, müssen Mitarbeitende, Führungskräfte und Teams lernen, Veränderungen zu gestalten, anstatt nur auf sie zu reagieren.

4.5   Sozialer Kontakt

Sozialer Kontakt stellt eine menschliche Superkraft dar, wenn es um Energie und ein gesundes Leben geht. Meta- und Langzeitstudien, die zum Teil seit über 80 Jahren fortgeführt werden, zeigen, dass die beiden wichtigsten Wirkfaktoren für Gesundheit und ein langes Leben das Eingebundensein in eine Gemeinschaft sowie nahe, stabile und unterstützende Kontakte sind (Holt-Lunstad et al., 2010).

Im World Happiness Report 2023 wird hervorgehoben, dass soziale Verbindungen und Unterstützung wesentliche Aspekte für die mentale Gesundheit und das allgemeine Wohlbefinden sind (Helliwell et al., 2023). Insbesondere wird die Stärke positiver sozialer Verbindungen und der damit verbundenen Unterstützung als bedeutender Faktor für die Verbesserung der selbst eingeschätzten Qualität sozialer Beziehungen angesehen.

Der Report betont, dass positive soziale Verbindungen und Unterstützung essenziell für das Wohlbefinden sind. Diese positiven Effekte überwiegen oft die negativen Auswirkungen von Einsamkeit. Soziale Kontakte, sei es im privaten oder beruflichen Umfeld, beeinflussen unsere Gefühle, unser Handeln und unser Denken positiv. Menschen mit starken sozialen Bindungen sind in der Regel glücklicher und gesünder. Länder wie Finnland und Dänemark, die regelmäßig hohe Zufriedenheitswerte erreichen, zeichnen sich durch starke soziale Netzwerke und ein hohes Maß an Vertrauen in die Gemeinschaft aus. Diese sozialen Strukturen tragen maßgeblich zum hohen Wohlbefinden der Bevölkerung bei und zeigen, dass gute soziale Beziehungen ein wichtiger Bestandteil eines glücklichen und gesunden Lebens sind.

Positive Beziehungen zu Kollegen können die Freude an der Arbeit steigern und als emotionale Unterstützung dienen. In schwierigen Phasen des Lebens können enge soziale Bindungen ausschlaggebend für eine Besserung sein (Bildungsinstitut für Soziales und Gesundheit, 2022).

Es ist daher wichtig, auf positive Beziehungen am Arbeitsplatz zu achten und diese nicht nur virtuell zu pflegen, sondern auch physische Begegnungen zu fördern. Physischer Kontakt, wie Umarmungen und Berührungen, haben eine signifikant positive Auswirkung auf die mentale Gesundheit. Er kann Stress reduzieren, das Gefühl von Sicherheit und Zugehörigkeit verstärken und zur Senkung von Angstzuständen beitragen. Da bei physischen Berührungen das Hormon Oxytocin, auch als »Bindungshormon« bekannt, freigesetzt wird, können Berührungen das Wohlbefinden steigern und soziale Bindungen stärken.

Die Ereignisse und Entwicklungen der letzten Jahre haben jedoch besonders im Arbeitsumfeld dazu beigetragen, dass die menschliche Interaktion immer weniger physisch und mehr virtuell stattfindet. Dies bietet zweifellos viele Vorteile, wenn es um flexibles Arbeiten und ortsunabhängige Zusammenarbeit geht – es bedeutet aber auch, dass sich Menschen immer seltener persönlich – im realen Raum – begegnen.

Eine neue Herausforderung, die seit der Pandemie hinzugekommen ist, stellt die soge-nannte Zoom-Fatigue dar. Sie beschreibt die Müdigkeit und Erschöpfung nach zahlrei-chen virtuellen Meetings und hat sich als bedeutendes Problem im beruflichen Alltag herausgestellt. Eine Studie des Instituts für Beschäftigung und Employability (IBE) zeigt, dass über 60 % der Befragten Ende 2020 von einer solchen Müdigkeit berichte-ten (Rump/Brandt, 2020). Die Erschöpfung äußert sich in Konzentrationsproblemen, erhöhter Reizbarkeit, Kopfschmerzen und Schlafstörungen. Besonders belastend wir-ken das Fehlen nonverbaler Hinweise, wie Gestik und Mimik, sowie der Mangel an in-formellem Austausch und Netzwerken.

Dieser Mangel an nonverbalen Signalen und der reduzierte soziale Austausch erschwe-ren die natürliche Kommunikation und erhöhen die kognitive Belastung während Online-Meetings. Teilnehmende müssen sich stärker konzentrieren, um Gesprächs-nuancen und emotionale Reaktionen der anderen zu interpretieren, was zu einer schnelleren Ermüdung führt. Unternehmen sind daher aufgefordert, die Anzahl und die Dauer von virtuellen Meetings zu optimieren und alternative Kommunikationswe-ge zu fördern, um die kognitive Belastung der Mitarbeitenden zu reduzieren und ihre Gesundheit zu schützen. Wie dies gelingen kann, beschreibe ich zusammen mit Alex in Kapitel 5 »Energie sparen« im Teil »Meeting-Performance«.

Die Interaktion mit einem diversen Netzwerk von Menschen kann die kreative Problem-lösungs- und Innovationfähigkeit fördern. Der Austausch von Ideen und Perspektiven kann zu neuen Einsichten führen, die essenziell sind, um in einer zukunftsorientierten Gesellschaft erfolgreich zu sein. Kollaborative Beziehungen sind oft die Grundlage für Durchbrüche und Erfindungen.

Soziale Kontakte bieten Gelegenheiten für lebenslanges Lernen und persönliche Ent-wicklung. Durch die Interaktion mit anderen können wir neue Fähigkeiten erlernen, unser Wissen erweitern und unser Verständnis für komplexe globale Zusammenhän-ge vertiefen. Dies ist besonders relevant in einer Ära, in der lebenslanges Lernen ein Schlüssel zur Anpassung an den ständigen Wandel ist. Zudem wird durch die Pflege zwischenmenschlicher Beziehungen emotionale Intelligenz und Empathie entwi-ckelt – Fähigkeiten, die im Umgang mit den komplexen und oft nuancierten Herausforderungen der modernen Welt entscheidend sind. Diese Kompetenzen ermöglichen eine tiefere menschliche Verbindung, verbessern die Führungsfähigkeiten und unterstützen eine effektive Kommunikation.

Auch wenn die Intention womöglich eine andere ist, versuchen viele Unternehmen, ihre Mitarbeitenden wieder zurück ins Büro zu holen, was aus Sicht der sozialen Kontakte ein wichtiges und richtiges Vorgehen darstellt. Aufgrund der veränderten Form der Zusammenarbeit bleibt aber selbst in Präsenz im Büro oft wenig bis gar keine Zeit, die »Resozialisierung« zu fördern bzw. stattfinden zu lassen. Die Menschen befinden sich zwar in einem Raum – da aber immer von einem Online-Meeting ins nächste gesprungen wird, bleibt kaum Zeit für zwischenmenschliche Interaktionen. Besonders bei international agierenden Teams kann die gemeinsame Mittagspause oft nicht zum Festigen sozialer Kontakte genutzt werden.

Die Konsequenz ist, dass Mitarbeitende die Notwendigkeit, zurück ins Büro zu kommen, nicht verstehen und mehr Wert auf die Vorzüge legen, die das Arbeiten von zu Hause aus bietet. Diese Situation ist zweifellos herausfordernd – für Unternehmen und für Mitarbeitende.

Um die Mitarbeitenden im Büro zu verbinden und mehr soziale Interaktionen zu fördern, lohnt es sich, die gegenwärtige Form der Zusammenarbeit zu analysieren und ggf. schrittweise eine Arbeitskultur zu fördern, in der der Aufenthalt im Büro auch Gelegenheiten für Interaktionen bietet – ohne von Online-Meeting zu Online-Meeting zu springen.

Bei der Analyse der aktuellen Meeting-Strukturen stellt sich immer wieder heraus, dass es eine nicht geringe Anzahl an Meetings gibt, die in der Zeit der Pandemie entstanden sind und eigentlich nur als »Relikte« mitgezogen werden. Diese Erfahrung bestätigt auch die Tagebuchstudie von Vera Starker und Team. In ihrer Arbeit stellten sie fest, dass Mitarbeitende 1,5 Tage in Meetings verbringen, wobei nach Ansicht der Befragten 35 % dieser Meetings entfallen und die Zeit anderweitig genutzt werden könnten (Starker et al., 2022).

Praxis

Das amerikanische Unternehmen EXOS geht hier mit gutem Beispiel – und großartigen Ergebnissen – voran. Unter dem Motto *Stop the hustle, keep the success* hat das Unternehmen mehrere Maßnahmen ergriffen, um eine nachhaltige Arbeitskultur zu entwickeln. Damit sollte nicht nur die Produktivität gesteigert, sondern auch die Interaktion im Team gefördert werden. Eine wichtige Initiative war die Einführung von »You do your fridays«, die den Mitarbeitenden mehr Flexibilität einräumte und ein Gleichgewicht zwischen Arbeit und Erholung ermöglichte. Freitags konnten die Mitarbeitenden frei entscheiden, wie sie ihre Zeit nutzen wollten – sei es für Freizeit, individuelle Arbeit oder erholsame Aktivitäten. Eine weitere Maßnahme war die geregelte Terminplanung. Bestimmte Tage der Woche wurden für Meetings (Dienstag und Donnerstag) und andere für individuelle Arbeiten (Montag und Mittwoch) festgelegt, um die Effektivität der Arbeitszeit zu maximieren und Aufgabenwechsel zu vermeiden.

Diese und weitere Maßnahmen führten zu beeindruckenden Ergebnissen. Der Anteil der Mitarbeitenden, die sich produktiv und effektiv in ihrer Zeitausnutzung fühlten, stieg signifikant. Gleichzeitig gab es deutliche Rückgänge in den Bereichen Erschöpfung, Burnout, wahrgenommene Arbeitsbelastung und Grübeln. Die Mitarbeitenden berichteten von einem verbesserten Gefühl der Unterstützung und einer höheren Zufriedenheit mit ihrer Arbeit. Trotz der Reduzierung der Arbeitszeit auf vier Tage pro Woche blieb die Unternehmensleistung stabil, die Bindung der Mitarbeitenden verbesserte sich deutlich und der Umsatz wuchs stark (Exos, 2023).

Im Megatrend »Human-to-Human-Experience«, ein Ergebnis aus der Megatrendstudie des Zukunftsinstituts (2023), wird die Wichtigkeit menschlicher Beziehungen und Interaktionen, selbst in einer zunehmend digitalisierten Welt betont. Menschen streben danach, auch am Arbeitsplatz echte zwischenmenschliche Verbindungen zu pflegen. Technologie wird nicht als Bedrohung dieser Bedürfnisse gesehen, sondern als Werkzeug, das, wenn es richtig eingesetzt wird, die menschlichen Erfahrungen und Beziehungen sogar verbessern kann. Es wird hervorgehoben, dass Technologien so gestaltet und genutzt werden sollten, dass sie die menschliche Interaktion unterstützen und fördern, anstatt sie zu ersetzen.

Die Herausforderung für Unternehmen besteht darin, eine Kultur und eine Umgebung zu schaffen, die die Zusammenarbeit und das Gefühl der Wertschätzung und Beteiligung fördern, um so trotz räumlicher Distanz eine enge Verbindung zwischen den Mitarbeitenden zu ermöglichen.

4.6 Zusammenfassung

In unserer dynamischen Arbeitswelt bleibt der Mensch – trotz Digitalisierung und künstlicher Intelligenz – weiterhin der zentrale Treiber für Innovation und Fortschritt. In zahlreichen Gesprächen und Diskussionen mit Führungskräften und Experten wird deutlich, dass trotz technologischer Entwicklungen menschliche Fähigkeiten wie Kreativität, ethisches Urteilsvermögen und emotionale Intelligenz unersetzlich sind. Diese Erkenntnis wird von der Forschung breit unterstützt und betont die Bedeutung eines fundierten Verständnisses der menschlichen Energie.

Die Basis für menschliche Energie wird oft im privaten Bereich verortet, und im Arbeitskontext wird das Vorhandensein von Energie als selbstverständlich angesehen. Doch die Realität zeigt, dass eben nicht immer genug Energie vorhanden ist, was performantes Arbeiten erschwert. Im Konzept Human.Recharge.Management. werden, angelehnt an die Bedürfnispyramide nach Maslow, folgende fünf Kategorien als wesentlich für die allgemeine Leistungsfähigkeit von Mitarbeitenden betrachtet:

- ein vitaler Körper,
- gesunder Schlaf,
- ein wacher Kopf,
- proaktive Resilienz und
- sozialer Kontakt.

Für einen vitalen Körper sind ausreichend Bewegung, eine gesunde Ernährung und regelmäßige Erholung essenziell. Bewegungsmangel und Fehlernährung führen nicht nur zu körperlichen Problemen wie Rücken- und Gelenksbeschwerden, sondern beeinflussen auch die mentale Gesundheit. Daher ist es entscheidend, Bewegung in den Arbeitsalltag zu integrieren. Eine ausgewogene Ernährung liefert die notwendigen Nährstoffe für Gehirn- und Körperfunktionen, und regelmäßige Zeiten zum Aufladen sind essenziell für die Gesundheit und Produktivität der Mitarbeitenden.

Gesunder Schlaf ist eine oft unterschätzte Ressource. Guter Schlaf fördert Regeneration, reduziert Stress und verbessert das physische und psychische Wohlbefinden. Schlafstörungen und unzureichende Schlafhygiene können die Leistungsfähigkeit negativ beeinflussen.

Das Gehirn benötigt regelmäßige Pausen und visuelle Entlastung, um optimal zu funktionieren. Multitasking ist nicht nur ineffizient, sondern auch belastend. Strategien zur Fokussierung und Entlastung des Gehirns sind notwendig, um die geistige Leistungsfähigkeit zu erhalten.

Anpassungsfähigkeit und vorausschauendes Handeln sind entscheidend, um mit den Herausforderungen der digitalen Transformation umzugehen. Proaktive Resilienz stärkt die mentale Gesundheit und das Engagement der Mitarbeitenden und bereitet sie darauf vor, Veränderungen positiv zu begegnen.

Soziale Interaktionen sind zentral für das Wohlbefinden. Physische Begegnungen und enge soziale Bindungen fördern die mentale Gesundheit und die Kreativität, die zu Innovation führt. Maßnahmen zur Förderung des sozialen Kontakts im Arbeitsumfeld, wie gemeinsame Zeit und teamfördernde Aktivitäten, sind notwendig, um das Wohlbefinden und die Produktivität der Mitarbeitenden zu steigern.

Beispiele aus der Praxis zeigen, wie einfache Maßnahmen – gesunde Schlafroutinen oder die Integration von Bewegung in den Arbeitsalltag – die Leistungsfähigkeit und das Wohlbefinden der Mitarbeitenden steigern können.

Die Berücksichtigung der Basis menschlicher Energie ist entscheidend für nachhaltige Leistungsfähigkeit und Gesundheit in der digitalen Arbeitswelt. Strategien, die Bewegung, Ernährung, Erholung, Schlaf, mentale Entlastung und soziale Interaktionen fördern, tragen dazu bei, die Energie und das Wohlbefinden der Mitarbeitenden zu steigern und somit die Innovationskraft und Produktivität von Unternehmen zu stärken.

Diese ganzheitliche Betrachtung der menschlichen Energie stellt sicher, dass Mitarbeitende nicht nur ihre Aufgaben erfüllen, sondern ihr volles Potenzial entfalten und langfristig gesund und motiviert bleiben.[4]

4.7 Reflexion

Reflexionsfragen für Mitarbeitende	
Energiebilanz im Alltag	
Welche Gewohnheiten und Routinen geben dir im Arbeitsalltag Energie?	
Wie kannst du weitere Bausteine zum Energieaufladen in deinen Arbeitsalltag integrieren?	
Schlaf und Leistungsfähigkeit	
Wie beurteilst du die Qualität deines Schlafes und ihren Einfluss auf deine Tagesleistung?	
Welche kleinen Routinen könntest du entwickeln, um deine Schlafqualität und somit deine allgemeine Leistungsfähigkeit zu verbessern?	

---

4   Diese Kapitelzusammenfassung wurde mithilfe der generativen KI ChatGPT 4o erstellt.

Reflexionsfragen für Führungskräfte

Schaffung eines energiegebenden Arbeitsumfeldes

Wie förderst du derzeit eine Arbeitsumgebung, die die Basis menschlicher Energie berücksichtigt?	
Welche Maßnahmen könntest du ergreifen, um diese Elemente in den Arbeitsalltag deines Teams zu integrieren?	

Sozialer Kontakt

Inwiefern unterstützt die Arbeitsumgebung den sozialen Kontakt und die Zusammenarbeit in deinem Team?	
Welche Maßnahmen könntest du ergreifen, um den sozialen Austausch und die Teamdynamik zu verbessern?	

Reflexionsfragen für Organisationen

Ganzheitliche Ansätze zur Gesundheitsförderung

Wie integriert unsere Organisation ganzheitliche Ansätze zur Förderung der physischen und mentalen Gesundheit der Mitarbeitenden?	
Welche neuen Initiativen könnten entwickelt werden, um die Basis menschlicher Energie im Arbeitsalltag unserer Mitarbeitenden zu unterstützen?	

Förderung sozialer Interaktionen

Inwiefern fördert unsere Organisation soziale Interaktionen und den Teamzusammenhalt?	
Welche Maßnahmen könnten ergriffen werden, um die Qualität und Quantität sozialer Kontakte am Arbeitsplatz zu verbessern?	

4.8 Power-Strategien

Power-Strategien

Für Mitarbeitende

- Tägliche Energie-Routine etablieren
  Integriere tägliche Energie-Routinen in deinen Alltag, die Bewegung, gesunde Ernährung und regelmäßige Zeiten zum Aufladen umfassen.
- Schlafhygiene verbessern
  Optimiere deine Schlafgewohnheiten, um die Qualität und Quantität deines Schlafes zu verbessern.

Für Führungskräfte

- Eigene Energie-Ressourcen pflegen
  Sorge dafür, dass deine eigene Energie und Gesundheit Priorität haben, damit du als Vorbild für dein Team dienen kannst.
- Offene Kommunikation über die Basis menschlicher Energie
  Fördere eine Kultur der offenen Kommunikation über die Bedeutung der menschlichen Energie und das Wohlbefinden im Team.

Für Organisationen

- Ganzheitliches Energiemanagement
  Entwickelt ein ganzheitliches Programm, das die Basis menschlicher Energie berücksichtigt und in die Arbeitsabläufe integriert werden kann (siehe Kapitel 7 »Human.Recharge.Management.«).
- Optimierung der Meeting-Kultur und Förderung sozialer Interaktionen
  Entwickelt und implementiert eine strukturierte Meeting-Kultur, die Effizienz fördert und gleichzeitig Raum für reale soziale Interaktionen schafft.

5 Digitale Fitness, um Energie zu sparen

Die Digitalisierung hat in den letzten Jahren dazu beigetragen, dass die Art und Weise, wie wir individuell und im Team arbeiten, auf einem komplett neuen Level ist. In vielen Arbeitsbereichen dominiert die Arbeit am Bildschirm und in hybrid agierenden Teams. Arbeit kann heute ortsunabhängig und zu jeder Tageszeit stattfinden, was grundsätzlich einen enormen Mehrwert hinsichtlich flexibler Arbeitsmodelle bietet.

Besonders die Generation Z legt großen Wert auf Flexibilität und eine gute Work-Life-Balance. Homeoffice, flexible Arbeitszeiten und die Möglichkeit zur Arbeit von unterwegs sind nicht mehr nur Wünsche, sondern werden als wesentliche Bestandteile einer modernen Arbeitskultur angesehen. Eine reibungslos funktionierende, virtuelle Zusammenarbeit wird für Unternehmen daher zu einem entscheidenden Faktor, wenn es darum geht, neue Talente für sich zu gewinnen.

Für die Gen Z ist die digitale Form der Zusammenarbeit die Normalität – viele bestehende, meist auch ältere Mitarbeitende im Unternehmen empfinden sie jedoch oft als energiezehrend. Denn an vielen Stellen hat die Pandemie dazu geführt, dass Unternehmen von heute auf morgen ihre Arbeitsumgebungen in den virtuellen Raum verlagern mussten, ohne ausreichend Zeit zu haben, die Mitarbeitenden darauf vorzubereiten und mitzunehmen. Technische Anwendungen und Settings wurden nicht oder nur unzureichend erklärt, was zur Folge hat, dass ein Großteil dieser Technologien nun auch zum Stressor im Arbeitskontext wird. Viele Mitarbeitende haben den Überblick in den Kommunikationskanälen verloren, springen von einem virtuellen Meeting in das nächste und erhalten eine Flut an Informationen und Nachrichten auf den unterschiedlichsten Kanälen.

Betrachtet man die Hauptgründe dafür, dass sich Mitarbeitende am Arbeitsplatz gestresst fühlen, wird schnell klar, dass Technologie Teil des Problems, aber gleichzeitig auch Teil der Lösung sein kann. Laut der TK-Stressstudie aus dem Jahr 2021 sind die Hauptgründe für Stress am Arbeitsplatz die Arbeitsmenge, Termindruck, Unterbrechungen, Informationsflut und die Arbeitsumgebung (Techniker Krankenkasse, 2021).

Das bestätigt auch die aktuelle #whatsnext-Studie. Danach gehören zu den größten Herausforderungen am Arbeitsplatz die Menge sowie die Komplexität der Aufgaben, die Quantität der zu verarbeitenden Informationen, permanente Veränderungen sowie Ablenkungen und Unterbrechungen.

Quelle: Techniker Krankenkasse, 2021 | Johannes Oberhofer / Canva

Mit der Expertise von Alexander Eggers und meinen Erkenntnissen aus dem Energie-management werden wir in diesem Abschnitt klären, wie Technologie mit den richti-gen Settings so in den Arbeitsalltag integriert werden kann, dass Energie gespart und nachhaltiger zusammengearbeitet werden kann.

Mit Alex habe ich einen Experten an meiner Seite, der wie kaum ein anderer Kollabo-rationstools wie Microsoft Teams versteht und diese in einer unnachahmlichen und für den Anwendenden verständlichen Art und Weise erklären kann. Mit unseren Co-Creations wie »5 Tipps für mehr Energie im Job« oder unserem E-Learning-Kurs »Mehr Energie mit Microsoft Teams und Viva« konnten wir schon zahlreichen Nutzerinnen und Nutzern zu mehr Energie im Job verhelfen.

5.1   Team-Work

Wie eingangs bereits erwähnt, war die Pandemie und die dadurch schlagartige Verla-gerung der Arbeit vieler Menschen ins Homeoffice ein massiver Treiber für die Digita-lisierung in der Zusammenarbeit. Viele Unternehmen waren auf diese Situation nicht vorbereitet und mussten daher schnell Lösungen und Technologien für die virtuelle Zusammenarbeit implementieren.

Das Problem an der Sache: Viele Mitarbeitende wurden oder konnten nicht ausrei-chend auf diese Transformation vorbereitet und mitgenommen werden. An vielen Stellen gab es Basis-, an anderen Stellen gar keine Schulungen zur richtigen, ge-schweige denn energiegebenden Nutzung dieser Systeme.

Viele Organisationen stehen daher heute vor einem Dschungel an Gruppen und Chats und haben den Überblick über die geteilten Inhalte und Dateien verloren, was viele Mitarbeitende vor die Herausforderung stellt, täglich eine Flut von Nachrichten zu verarbeiten, was zu Stress und einem Rückgang der Produktivität führen kann. Zudem führt die Vielzahl an neuen digitalen Kanälen dazu, dass wichtige Informationen leicht übersehen werden oder in einem Meer von Nachrichten verloren gehen. Die Fragmentierung der Kommunikation ist ein weiteres Problem, das auftritt, wenn verschiedene Teams oder Abteilungen unterschiedliche Tools bevorzugen. Dies kann die unternehmensweite Kommunikation erschweren und den Zugang zu wichtigen Informationen für alle Beteiligten einschränken. Zusätzlich erschwert es die schiere Menge an Kommunikation, dringende von weniger wichtigen Nachrichten zu unterscheiden, was wiederum die Priorisierung von Aufgaben beeinträchtigen kann.

Das Resultat sind heute mitunter Überlastung oder Informationsüberflutung. Dabei kann moderne Kommunikations- und Kollaborationstechnologie, richtig eingesetzt und mit befähigten Mitarbeitenden, auch sehr vieles erleichtern und dazu beitragen, dass Aufgaben ortsunabhängig und asynchron im Team bearbeitet werden können. Dies reduziert die Arbeitslast des oder der Einzelnen und kann dabei sogar noch das individuelle Energiemanagement des Individuums unterstützen.

Eine im Auftrag von Microsoft von Forrester Consulting durchgeführte Studie aus dem Jahr 2019 zeigt, dass die Nutzung von Microsoft Teams die Produktivität signifikant steigert. So sparten Information Worker durchschnittlich vier Stunden pro Woche durch verbesserte Zusammenarbeit und Informationsaustausch, was in der Studie mit einer Ersparnis von über 14,3 Millionen US-Dollar beziffert wurde (Forrester, 2019).

Diese Studie stammt zwar aus der Zeit vor der Pandemie, berücksichtigt aber auch eine strukturierte Einführung und das Empowerment der Mitarbeitenden. Berücksichtigt man bei der Einführung und Schulung in diesen Tools auch noch die aktuellen Erkenntnisse aus dem Energiemanagement, sind durchaus höhere Werte in Kombination mit weiteren Benefits zu erwarten.

Um diese Herausforderungen zu bewältigen, haben einige Unternehmen damit begonnen, spezifische Richtlinien und Best Practices für den Einsatz von Kommunikationstools zu entwickeln. Dies umfasst klare Regeln für den Einsatz bestimmter Kommunikationskanäle und Schulungen für Mitarbeitende. So lassen sich der effiziente Umgang mit diesen Tools fördern und das Chaos reduzieren. Durch eine strukturierte Herangehensweise an die Nutzung dieser Tools kann nicht nur die Zusammenarbeit im Team optimiert, sondern auch individuell Energie gespart werden.

Effizientere Kommunikation
Kollaborationstools ermöglichen es, Informationen schnell und effizient auszutauschen. Dies reduziert die Notwendigkeit für lange E-Mail-Ketten oder wiederholte Meetings, die oft als zeitraubend und ermüdend empfunden werden. Indem Informationen zentralisiert und für alle zugänglich gemacht werden, können Teammitglieder schneller auf diese zugreifen und müssen weniger Zeit für die Suche nach benötigten Daten aufwenden.

Bessere Ressourcennutzung
Die Tools bieten Funktionen wie gemeinsame Kalender, Aufgabenverwaltungen und Dateiablagen, die es Teams ermöglichen, ihre Ressourcen besser zu planen und zu nutzen.

Klare Aufgabenverteilung
Durch die klare Zuweisung von Verantwortlichkeiten und Deadlines innerhalb der Tools kann jedes Teammitglied seine Aufgaben und den damit verbundenen Zeitbedarf besser managen. Dies trägt dazu bei, dass Mitarbeitende ihre Arbeit effektiver einteilen und somit Stress reduzieren können.

Vermeidung von Doppelarbeit
Dadurch, dass alle Informationen und Kommunikationen für das gesamte Team sichtbar sind, wird verhindert, dass Aufgaben mehrfach bearbeitet werden. Dies spart nicht nur Zeit, sondern auch Energie, da sich die Teammitglieder auf ihre spezifischen Aufgaben konzentrieren können, ohne Ressourcen zu verschwenden.

Förderung von Autonomie und Flexibilität
Moderne Kollaborationstools unterstützen flexible Arbeitszeiten und -orte. Dies ermöglicht es den Mitarbeitenden, ihre Arbeitszeiten und -umgebungen so anzupassen, dass sie ihre persönliche Energie am besten nutzen können. Individuelle Spitzenzeiten der Produktivität können so besser ausgenutzt werden, was zu einer höheren Gesamteffizienz führt.

Senkung des Energieaufwands für Routineaufgaben
Viele Kollaborationstools automatisieren Routineaufgaben wie das Planen von Meetings oder das Organisieren von Dokumenten. Dies befreit die Mitarbeitenden von monotonen, energiezehrenden Aufgaben und ermöglicht es ihnen, ihre Energie auf kreativere und wertvollere Aktivitäten zu konzentrieren.

Durch die strategische Nutzung dieser Tools können Teams also nicht nur effizienter arbeiten, sondern auch die Arbeitszufriedenheit und das Wohlbefinden der Mitarbeitenden steigern – unnötiger Stress wird vermieden und die Arbeit angenehmer gestaltet.

Praxis

Meinen Team-Workshops schicke ich in der Regel immer den Energy-Check als Assessment voraus, in dem auch der Bereich Zusammenarbeit abgefragt wird. Häufig stellt sich bei der Besprechung der Ergebnisse im Workshop heraus, dass es keinen klaren Leitfaden für eine energiegebende Zusammenarbeit und die Nutzung des Kollaborationstools gibt. In den meisten Fällen hat mit oder kurz nach der Einführung des Tools zwar ein kurzes Onboarding stattgefunden – oder es wurde eine schriftliche Anleitung zur Verfügung gestellt –, die Praxis wurde aber selten positiv erlebbar gemacht.

Mit dem Fokus auf einer energiesparenden Nutzung dieser Tools zeige ich in meinen Workshops auf, wie die Tools vom Energy-Killer zum Performance-Booster werden. Mit der Hilfe von Alex und NextVideo habe ich die Basistipps mittlerweile auch in den erlebbaren E-Learning-Kurs »Mehr Energie bei der Arbeit mit Microsoft Teams und Viva« gepackt.

Wie die Schaffung klarer Richtlinien für den Umgang mit Microsoft Teams aussehen kann, um nicht nur die Effizienz und Effektivität der Teams zu steigern, sondern auch ein unterstützendes und sicheres Arbeitsumfeld zu schaffen, beschreibt Alex im Folgenden:

Inside Microsoft Teams & Viva mit Alex

Spielregeln *Teams*

Microsoft Teams wurde im Jahr 2017 eingeführt und erfuhr mit Beginn der Pandemie einen signifikanten Anstieg der Nutzung. Die Funktionen von Videokonferenzen und das Chatten aus dem Homeoffice waren schnell erklärt. *Teams* verfügt jedoch über ein breites Spektrum an weiteren Funktionen. Diese werden von den Anwendenden gern ausprobiert. Dies führt zu einer gewissen Unübersichtlichkeit, die mit einer Vielzahl an Fragen einhergeht. Beispielsweise stellt sich die Frage, ob die gesuchte Datei auf dem Fileserver, in einem Teams-Channel oder im Chat in *Teams* liegt – oder gar per E-Mail eingegangen ist. Auch die Tatsache, dass es mehrere Teams mit nahezu identischem Namen gibt, kann zu Verwirrung führen. Die Vielzahl an Teams kann dazu führen, dass Nutzende Schwierigkeiten haben, die für sie relevanten Informationen zu finden.

Die folgenden Spielregeln dienen der Nutzung von *Teams*. Es ist davon auszugehen, dass bei den meisten Firmen rund 80 % der Teams ähnliche Spielregeln haben. In diesem Absatz werden die wichtigsten Regeln beschrieben, die bei der Nutzung von *Teams* über die Videokonferenz hinaus zu beachten sind.

Der erste Punkt betrifft die Möglichkeit, Teams zu erstellen. Im Standard kann jeder und jede Nutzende in *Teams* ein Team erstellen und benamsen, wie er oder sie es für richtig hält. Der erste Ansatz zur Vermeidung von Wildwuchs ist die Einschränkung der Freiheit, Teams anzulegen. Die Erfahrung zeigt, dass die Anzahl der Teams schnell ansteigt und die Übersichtlichkeit leidet. Doppelungen von Teams mit Inhalt und Benennung sind keine Seltenheit. Eine der ersten Einstellungen sollte daher die Einführung eines geführten Genehmigungsprozesses für die Erstellung von Teams sein.

Spätestens bei der Integration neuer Mitarbeiterinnen und Mitarbeiter wird ersichtlich, dass eine klare Namenskonvention erforderlich ist, um die Orientierung zu erleichtern. Diese beinhaltet in der Regel mehrere zusätzliche Informationen, die über die Begriffe »Marketing« oder »Vertrieb« hinausgehen. So wird je nach Unternehmensgröße häufig durch eine vorangestellte Buchstabengruppe definiert, ob es sich um ein Abteilungsteam, ein internes Projektteam oder ein Kundenprojekt handelt. Weitere Abgrenzungen sind möglich. Des Weiteren ist der Standort oder die Zugehörigkeit des Teams zu berücksichtigen. In diesem Beispiel würde das Vertriebsteam am Standort Hannover die Bezeichnung »ABT_Vertrieb_HAN« erhalten, während das Sommerfest-Projekt am Standort München die Bezeichnung »INT_Sommerfest_MUC« tragen würde. Zudem kann ein Hinweis aufgenommen werden, ob Gäste, also Personen, die nicht zum Unternehmen gehören, ebenfalls Teil des Teams sein können. Diese Darstellung kann beispielsweise durch Verwendung eines Emojis in Form einer Weltkugel, dem sogenannten »🌍«, erfolgen. Dies wäre etwa für das Kundenprojekt (KPR) mit der ERP-Nummer 12345 denkbar, bei dem der Kunde ebenfalls im *Teams*-Team mitarbeitet. In diesem Fall würde dise Bezeichnung wie folgt lauten: »🌍_KPR_Müller_12345_MUC«.

Teams können in *Teams* bestehen bleiben und lediglich ausgeblendet werden, wobei dies eine manuelle Aktion jedes und jeder einzelnen Nutzenden erfordert. Das Prinzip »haben ist besser als brauchen« führt dazu, dass die Zahl der Teams kontinuierlich wächst, wobei das Wachstum je nach Schulungsgrad der Nutzerinnen und Nutzer exponentiell verlaufen kann. Dies kann zu einem rasanten und unüberschaubaren Anstieg der Teams führen, die niemals aufgelöst werden, obwohl die Projekte längst abgeschlossen sind. In der einfachen Variante gibt es dafür zwei Lösungen: Ein Team kann gelöscht werden, was vermutlich kaum jemand wünscht. Alternativ kann ein Team archiviert werden. Die Funktion ist etwas versteckt unter den drei Punkten oben links. Besitzer:innen können ein Team so einfrieren, dass keine Beiträge mehr geschrieben und auch keine Dateien mehr verändert werden können. Jedoch behalten alle Mitglieder weiterhin Zugriff auf die Informationen. Das Team verschwindet bei allen Mitgliedern links aus der Teams-Übersicht und ist nur über Teams-Übersicht über die drei Punkte oben links weiter einsehbar. Bei Bedarf kann ein Besitzer ein Team auch in Sekunden wiederherstellen, sodass die Arbeit ohne Unterbrechung fortgesetzt werden kann. Diese Maßnahme führt zu einer deutlichen Verbesserung der Übersichtlichkeit für die Nutzenden, da abgeschlossene Projekte bzw. Teams nicht länger in der Übersicht verbleiben, sondern ausgeblendet werden.

Abschließend sei darauf verwiesen, dass auch im Kontext der Kommunikation Spielregeln zu beachten sind. Da die Kommunikation in der Regel asynchron erfolgt, ist es von entscheidender Bedeutung, dass die Nutzerinnen und Nutzer über die Möglichkeit verfügen, Nachrichten wiederzufinden und zu überprüfen, ob der Empfänger diese auch tatsächlich zur Kenntnis genommen hat.

Dazu seien drei einfache Tipps gegeben:
- Es obliegt jedem Nutzer, bei einem Beitrag in einem *Teams*-Kanal den Betreff auszufüllen. In Outlook wird eine entsprechende Nachfrage generiert, ob das Nachricht-Element ohne Betreffangabe gesendet werden soll. In Teams ist dies nicht der Fall. In der Konsequenz lässt sich eine Vielzahl an initiierten Threats, also Diskussionen, beobachten. Bei der Suche nach einer bestimmten Nachricht ist es dann erforderlich, den gesamten Text jeder einzelnen Nachricht zu lesen, um den richtigen Threat zu finden. Der Betreff erfüllt in diesem Kontext die Funktion einer Überschrift, wodurch sich ein schneller Überblick über den Inhalt des Artikels gewinnen lässt. Man findet schneller den gesuchten Beitrag.
- Ein weiteres wesentliches Element ist die Verwendung der sogenannten @mentions. In diesem Kontext besteht die Möglichkeit, bei einem Beitrag in einem Kanal Empfängernamen zu hinterlegen, also festzulegen, wer genau diese Nachricht eigentlich lesen soll. In Outlook ist das Versenden einer Nachricht ohne Empfänger nicht möglich, in Teams hingegen schon. Die Benachrichtigung des Empfängers über die erhaltene @mention erfolgt durch eine entsprechende Meldung in den Aktivitäten. Diese Funktionalität ist von essenzieller Bedeutung für die korrekte asynchrone Nutzung, da andernfalls die Gefahr besteht, dass der Sender zwar zahlreiche Nachrichten verfasst, diese jedoch letztlich keine Beachtung finden.
- Abschließend sei der Einsatz der Emojis »Daumen hoch« als Zeichen des Empfängers an den Sender empfohlen, um zu signalisieren, dass er die Nachricht erhalten hat. Diese Funktion kann sowohl in den Beiträgen in den Kanälen als auch in den Chats verwendet werden. Der Sender kann folglich davon ausgehen, dass seine Nachricht auch tatsächlich zur Kenntnis genommen wurde.

5.2 Power-Zeiten

Im Abschnitt »Energie verstehen« (Kapitel 3.1) habe ich anhand des zirkadianen und ultradianen Rhythmus sowie des individuellen Energieprofils dargestellt, dass jedes Individuum unterschiedliche Energiehoch- und -tiefzeiten im Verlauf eines Tages hat.

Das Wissen über den eigenen Rhythmus kann besonders hilfreich sein, wenn es darum geht, die eigene Produktivität und Effizienz zu steigern und ein hohes Arbeitsaufkommen zu bewältigen. An einem perfekten Arbeitstag passt das Energieprofil genau auf den Arbeitskalender, wobei Energiehochs auf anspruchsvolle Aufgaben fallen.

Praxis

In meinen Coachings erarbeiten meine Coachees zu Beginn immer ihr persönliches Energieprofil. Anschließend legen wir dieses Profil exemplarisch über jeden Tag einer ausgewählten Arbeitswoche und betrachten, wo die größten Abweichungen vom Idealbild sind.

Diese Herangehensweise hilft vielen meiner Coachees dabei, ein besseres Verständnis für die generelle Einteilung von Arbeitsaufgaben zu bekommen. Viele von ihnen erkennen so auf den ersten Blick, dass zum Beispiel Aufgaben, die ein hohes Maß an Konzentration oder Kreativität verlangen, außerhalb des persönlichen Energiehochs liegen. Gleichzeitig können so auch kurzfristig Anpassungen vorgenommen und Termine verschoben werden.

Wenn wichtige Aufgaben, die ein hohes Maß an Konzentration oder Kreativität erfordern, außerhalb der Energiehochs und möglicherweise sogar während der Energietiefs stattfinden, kann dies die Leistungsfähigkeit erheblich beeinträchtigen. Wissenschaftliche Studien belegen, dass die Synchronisation von Arbeit und kognitiven Anforderungen mit den natürlichen zirkadianen Rhythmen die Effektivität und Produktivität verbessern kann.

Ein Beispiel für wissenschaftliche Erkenntnisse in diesem Bereich ist die Untersuchung der Auswirkungen von zirkadianen Rhythmen auf die kognitive Leistungsfähigkeit. Forschungen zeigen, dass unsere Fähigkeit zur Problemlösung, unser Gedächtnis und unsere Konzentration im Laufe des Tages variieren (Sabaoui et al., 2023).

Wichtige Entscheidungen im Team oder Aufgaben, die hohe Genauigkeit erfordern, auf Zeiten zu legen, in denen die individuelle Leistungsfähigkeit am höchsten ist, ist daher eine großartige Möglichkeit, Energie bei der Arbeit zu sparen und das Arbeitsergebnis positiv zu beeinflussen.

Praxis

Ich nutze das Energieprofil auch in meinen Team-Workshops in Unternehmen, um die Zusammenarbeit zu fördern. Wenn Kollegen und Kolleginnen ihre jeweiligen Energieprofile kennen, schafft dies einen perfekten Rahmen für das Miteinander im Team.

Allein visualisiert zu sehen, wo die jeweiligen Hochs und Tiefs der anderen liegen, trägt zu einem besseren Verständnis in der Kommunikation und zu einer sinnvolleren Verteilung von Aufgaben bei. Die gemeinsamen Energieprofile werden auch oft genutzt, um einen bestmöglichen Zeitpunkt für gemeinsame und wichtige Team-Meetings festzulegen.

Dass eine hundertprozentige Übereinstimmung des Energieprofils mit den Arbeitsanforderungen in der Realität nicht möglich ist, ist mir vollkommen bewusst – aus Sicht der persönlichen Energie und Produktivität ist aber jede Annäherung an dieses Bild erstrebenswert und jede noch so kleine Anpassung im Kalender trägt zum Energiesparen bei.

Die Integration von persönlichen Energieprofilen in den Arbeitsalltag lässt sich durch den Einsatz verschiedener technologischer Hilfsmittel effizient gestalten und verbessert sowohl die Produktivität als auch das Wohlbefinden am Arbeitsplatz. Moderne Kalender-Apps wie in Microsoft Teams ermöglichen eine strukturierte Tagesplanung, indem sie individuelle Energiehochs und -tiefs berücksichtigen und rechtzeitig an geplante Pausen erinnern, was die Einhaltung eines optimalen Arbeitsrhythmus unterstützt. Weiterhin bieten Wearables wie Smartwatches und Fitness-Tracker wertvolle Einblicke in die körperliche Verfassung durch das Messen von physiologischen Daten.

Darüber hinaus erleichtert Aufgabenmanagement-Software wie Microsoft To Do die Organisation und Priorisierung von Arbeitsaufgaben und hilft dabei, diese an das individuelle Energieprofil anzupassen. Anspruchsvolle Aufgaben können so in Phasen höchster Energieeffizienz gelegt werden, was die Arbeitsleistung maximiert.

Diese technischen Hilfsmittel sind unerlässlich, um eine präzise Abstimmung der Arbeitsabläufe auf individuelle Energiezyklen zu ermöglichen. Sie tragen dazu bei, eine Arbeitsumgebung zu schaffen, die nicht nur effektiver, sondern auch zufriedenstellender für alle Beteiligten ist.

Inside Microsoft Teams & Viva mit Alex

Im Folgenden soll ein Element der Methode »Getting Things Done« von David Allen kurz erörtert werden. Insgesamt umfasst die Methode fünf Schritte. In den Schritten eins bis vier erfolgt die Sammlung und Organisation der Aufgaben. Im fünften und letzten Schritt erfolgt die Entscheidungsfindung hinsichtlich der zu einem bestimmten Zeitpunkt zu erledigenden Aufgaben.

Um diese Vorgehensweise zu optimieren, empfiehlt Allen, vier Kriterien zu berücksichtigen: Die Kriterien Kontext, Zeit, Energie und Priorität sind bei der Entscheidungsfindung zu berücksichtigen.

Der *Kontext* bezeichnet die verfügbaren Ressourcen, die für die Ausführung einer Aufgabe erforderlich sind. Dazu zählen beispielsweise der Ort, die verwendeten Werkzeuge oder die involvierten Personen. Der Faktor *Zeit* bezieht sich auf die Zeit, die für die Erledigung einer Aufgabe aufgewendet werden kann. *Energie* bezeichnet den physischen und mentalen Zustand, in dem sich eine Person befindet. Die *Priorität* einer Aufgabe lässt sich anhand ihrer Wichtigkeit und Dringlichkeit im Vergleich zu anderen Aufgaben bestimmen. Die Anwendung dieser Kriterien erlaubt die Identifikation der optimalen nächsten zu erledigenden Aufgabe.

Wir sehen uns hier gezielt an, wie Aufgabenmanagement und die verfügbare *Energie* in Einklang gebracht werden können. Eine Möglichkeit, dieses Kriterium in das Aufgabenmanagement zu integrieren, besteht darin, jeder Aufgabe im Aufgabentool einen Hashtag zuzuordnen. In diesem Kontext kann eine Differenzierung in z. B. drei Kategorien vorgenommen werden: Die Kategorisierung kann anhand der folgenden drei Begriffe erfolgen: »#wenig«, »#mittel« und »#viel«. Die Verwendung dieser Hashtags ermöglicht die Beschreibung des erforderlichen Energieaufwands zur Bearbeitung einer Aufgabe.

Ist demnach, gemäß David Allen, der richtige Kontext gegeben, also beispielsweise »Ich sitze im Büro am PC«, und steht zudem die nötige Zeit zur Verfügung, um auch umfangreichere Aufgaben zu erledigen, so kann nun der Energie-Hashtag zum Einsatz kommen. Aufgrund des zirkadianen Rhythmus besteht die Möglichkeit, sich die Aufgabe zu ziehen, die zum jeweiligen Zeitpunkt als passend erachtet wird. Folglich können Aufgaben, die mit einem hohen Maß an Energie erledigt werden müssen und deshalb mit dem Hashtag »#viel« versehen sind, morgens bzw. während eines Energiehochs bearbeitet werden. Für Zeiten, in denen Aufgaben nur noch mit einem niedrigen Maß an Energie erledigt werden können, wählt man Aufgaben mit dem Hashtag »#wenig«.

Auf diese Weise erhalte ich eine rasche Übersicht über die Aufgaben, die nach ihrem jeweiligen Energiebedarf sortiert sind. Diejenigen Aufgaben, die meinem aktuellen Energiezustand entsprechen, werden genau dann bearbeitet. Auf diese Weise kann ich meine Produktivität optimieren und die energieraubenden Aufgaben leichter bewältigen.

5.3 Energy-Boxing

Viele kennen vielleicht den Begriff »Time-Boxing«. Dies ist eine Technik des Zeitmanagements, bei der eine feste Zeitspanne (oder Box) für jede Aufgabe vorgesehen wird, unabhängig von deren Umfang oder Komplexität. Diese Methode wird oft verwendet, um die Effizienz zu steigern, Ablenkungen zu reduzieren und Prioritäten zu setzen.

In Bezug auf das Sparen von Energie im Arbeitsalltag habe ich diese Praxis angepasst und »Energy-Boxing« getauft.

Im Abschnitt »Energie verstehen« (Kapitel 3.1) habe ich bereits erklärt, dass der menschliche Körper im Rahmen des ultradianen Rhythmus etwa 90 bis 120 Minuten energiegeladen arbeiten kann, bevor im Anschluss daran eine kurze Zeit zum Aufladen notwendig wird. Diese Art von Arbeitsgestaltung kann insbesondere in stressigen Arbeitsumgebungen dazu beitragen, Burnout zu vermeiden und die allgemeine Arbeitszufriedenheit zu verbessern.

Im Abschnitt »Vitaler Körper« (Kapitel 4.1) bin ich im Bereich »Erholung« auch schon auf die Bedeutung echter Pausen zum Aufladen eingegangen, die an dieser Stelle noch einmal zum Tragen kommen. Ein Bewusstsein für die Notwendigkeit von Pausen ist grundlegend dafür, diese auch in den Arbeitsalltag zu integrieren. Die Realität vieler Menschen im Arbeitskontext sieht jedoch so aus, dass Zeiten zum Aufladen nicht oder ineffizient genutzt und schon gar nicht aktiv in den Kalender eingeplant werden. Dies führt dazu, dass oft stundenlang ohne Unterbrechung gearbeitet wird. Grund dafür ist in den meisten Fällen, dass die Pause als verlorene Zeit angesehen wird und eine Aufgabe »noch schnell« erledigt werden muss. Ist sie allerdings erledigt, steht meist schon der nächste Termin oder die nächste Aufgabe auf dem Programm – und die Pause fällt unter den Tisch.

Um die Technik des Energy-Boxing effektiv zu nutzen und regelmäßige Erholungszeiten in den Arbeitsalltag zu integrieren, bieten verschiedene technologische Hilfsmittel wertvolle Unterstützung. Zeitmanagement-Apps helfen beispielsweise dabei, Arbeits- und Pausenzeiten festzulegen, wodurch ein strukturierter Tagesablauf gefördert wird, der ausgewogene Arbeits- und Erholungsphasen berücksichtigt. Kalender-

und Planungssoftware wie Microsoft Outlook ermöglicht es, Zeiten zum Aufladen im Tagesplan zu blockieren und sie vor anderen Terminen zu schützen, was die Wichtigkeit dieser Zeiten unterstreicht.

Tragbare Technologien, die Gesundheitsdaten überwachen, können dabei helfen, den physischen Zustand in Echtzeit zu analysieren und optimale Zeiten für Pausen zu empfehlen. Apps zur Gewohnheitsbildung motivieren darüber hinaus, regelmäßige Pausen als festen Bestandteil des Alltags zu etablieren, und unterstützen die Bildung langfristiger, gesunder Arbeitsroutinen.

Darüber hinaus bieten Tools zur Arbeitsplatzanalyse Einblicke in die tatsächliche Nutzung der Arbeitszeit und helfen, Überarbeitung zu erkennen und zu vermeiden. Diese Technologien ermöglichen es uns, bewusst Zeiten zum Aufladen zu planen, und stellen sicher, dass diese auch in stressigen Arbeitsumgebungen nicht übergangen werden. Durch die Kombination dieser Tools kann nicht nur die Arbeitsleistung verbessert und gleichzeitig das Wohlbefinden am Arbeitsplatz gesteigert, sondern auch Energie gespart werden.

Inside Microsoft Teams & Viva mit Alex

Die Pandemie hat dazu geführt, dass Videokonferenzen für viele Wissensarbeiter am Computer zum Alltag geworden sind. Dies führte mitunter dazu, dass Meetings im Halbstunden- oder Stundentakt anberaumt wurden, wobei keine Pausen zwischen den einzelnen Treffen möglich waren. Des Weiteren wurde der Begriff der »Zoom-Fatigue« geprägt, der die Müdigkeit in Videokonferenzen beschreibt.

Um die erforderlichen Ruhepausen zu gewährleisten, besteht seit einiger Zeit die Möglichkeit, in *Outlook* oder auch in *Teams* eine Option für verkürzte Meeting-Zeiten zu aktivieren. In den Kalendereinstellungen der Outlook-Optionen ist es möglich, das »Verkürzen von Terminen und Besprechungen« zu aktivieren und die Dauer festzulegen.

Von entscheidender Bedeutung ist dabei die Möglichkeit, zwischen einem späteren Beginn und einem früheren Ende des Termins zu wählen. Ein um fünf Minuten gekürztes 30-minütiges Meeting kann somit entweder von 10:05 Uhr bis 10:30 Uhr oder von 10 Uhr bis 10:25 Uhr dauern. Die Erfahrung hat gezeigt, dass eine Verlängerung der Pause um fünf Minuten eine sichere Lösung darstellt, während eine Verkürzung der Dauer um fünf Minuten dazu verleitet, den Termin zu überziehen und somit die Pause entfallen zu lassen.

Tipp: Teile den anderen Teilnehmenden bitte unbedingt mit, dass die Sitzung fünf Minuten später beginnt. Nicht jeder achtet auf den Zeitplan, sodass es zu Missverständnissen kommen kann und man dich für zu spät hält.

In diesem Zusammenhang ist es von entscheidender Bedeutung, sich mit der Frage auseinanderzusetzen, wie die neu gewonnene Pause sinnvoll gefüllt werden kann. Sofern die entsprechenden Funktionen in deinem Unternehmen freigeschaltet sind, besteht die Möglichkeit, die Funktionen von *Viva Insights* zu nutzen. Klicke in *Teams* links auf »Apps« und suche nach *Viva Insights*. Nach dem Öffnen der Anwendung werden auf der Startseite Module des Anbieters »Headspace« angezeigt. Die geführten Meditationen dienen der Regeneration während der Pausenzeit. Neben den klassischen Modulen werden zudem musikalische Elemente bereitgestellt, die in der Fokusphase zur Verbesserung der Konzentrationsfähigkeit beitragen sollen. Abschließend sei darauf hingewiesen, dass das Modul »Atemübung« eine Minute der Konzentration auf die Atmung ermöglicht, was dazu beiträgt, Stress zu reduzieren.

Des Weiteren besteht in *Viva Insights* sowie in der *Teams*-App auf dem Mobiltelefon die Möglichkeit, die sogenannten »ruhigen Zeiten« zu definieren. Die entsprechende Funktion ist in *Viva Insights* unter »Einstellungen« zu finden, wo du den Punkt »Zeitfenster blockieren« anwählen musst. In der *Teams*-Handy-App findest du die Funktion unter »Benachrichtigungen«. In diesem Menüpunkt wird festgelegt, in welchem Zeitraum keine Benachrichtigungen für eingehende Nachrichten in Teams und Outlook erfolgen sollen. Dabei besteht die Möglichkeit, bestimmte Zeitfenster und Tage auszuwählen, beispielsweise Montag bis Freitag von 18 Uhr bis 7 Uhr und am Wochenende ganztägig. Die Reduktion von Stress kann durch die Implementierung einer solchen Funktion gewährleistet werden, da es aufgrund der zunehmenden Verbreitung flexibler Arbeitsmodelle nicht ungewöhnlich ist, dass Nachrichten auch außerhalb der üblichen Arbeitszeiten eintreffen.

5.4   Flow-Work

Viele von uns machen es täglich – im Glauben, die Produktivität und Effizienz damit zu steigern: Multitasking.

> »Unter Multitasking oder Mehrfachaufgabenperformanz […] versteht man die Ausführung zweier oder mehrerer Aufgaben zur selben Zeit oder abwechselnd in kurzen Zeitabschnitten. Die Aufgaben sind voneinander unabhängig, das Ziel einer Aufgabe ist also nicht von den Resultaten der anderen Aufgabe abhängig. So wird beispielsweise eine E-Mail verfasst und gleichzeitig einem Bericht zugehört.«
>
> Wikipedia, 2024b

Die Forschung zeigt, dass Multitasking oft zu einer verminderten Produktivität und einer höheren Fehleranfälligkeit führt. Dies liegt daran, dass unser Gehirn bei der schnellen Abfolge von Aufgabenwechseln sogenannte Task-Switch-Kosten erleidet, die unsere Arbeitsgeschwindigkeit verlangsamen und unsere kognitive Belastung erhöhen (Sanbonmatsu et al., 2013).

Diese Aufgabenwechsel verhindern, dass wir Aufgaben im »Autopilot« erledigen, was normalerweise dabei hilft, geistige Ressourcen zu schonen. Die Verwaltung von Multitasking wird durch exekutive Funktionen im Gehirn gesteuert, die darüber entscheiden, wie und in welcher Reihenfolge Aufgaben ausgeführt werden. Diese Prozesse erfordern Zeit und können sich summieren, wenn häufig zwischen Aufgaben gewechselt wird.

Unser Gehirn kann zwar mehrere Aufgaben gleichzeitig ausführen, aber es ist nicht in der Lage, mehrere Aufgaben gleichzeitig mit vollem Fokus zu bearbeiten. Im Grunde genommen ist der Mensch ein hervorragender Single-Tasker, doch die modernen Wege der Kommunikation führen dazu, dass Menschen regelmäßig und wiederholt aus Arbeitsprozessen gerissen und abgelenkt werden. Ständige Unterbrechung bei der Arbeit ist, wie in der Studie #whatsnext beschrieben, einer der Hauptstressoren am Arbeitsplatz (Institut für Betriebliche Gesundheitsberatung, 2023).

Eine Studie der University of California zeigt, dass es bis zu 23 Minuten dauert, sich wieder in die vorherige Aufgabe einzuarbeiten (Mark et al., 2008).

Es dauert bis zu 23 Minuten, sich nach einer Unterbrechung wieder vollständig in eine vorherige Aufgabe einzuarbeiten.

Mit der Festlegung von Power-Zeiten und der Methode Energy-Boxing sind schon zwei entscheidende Punkte unternommen worden, um die Ablenkungen im Vorfeld zu reduzieren.

Um während einer Energy-Box ohne Unterbrechungen arbeiten zu können, ist die Erreichung eines Flow-Zustands sehr hilfreich. Als Flow wird allgemein ein Zustand hoher Energie beschrieben, in dem auch komplexe Arbeitsprozesse leicht erscheinen und wenig Energie kosten.

In dem Whitepaper »Finding Flow – The Why + How to Support Flow for the Modern Workforce« des amerikanischen Unternehmens EXOS wird Flow zusammengefasst wie folgt beschrieben:

»Flow wird als ein mentaler Zustand definiert, in dem eine Person vollständig in eine Aufgabe eingetaucht ist, eine hohe Konzentration aufweist und sich die Zeit subjektiv verändert – sie scheint schneller zu vergehen. Dieser Zustand ist gekennzeichnet durch eine tiefe Versunkenheit in die Tätigkeit, eine Verschmelzung von Handlung und Bewusstsein, klare Ziele, unmittelbares Feedback, ein Gleichgewicht zwischen den Anforderungen der Aufgabe und den eigenen Fähigkeiten, sowie ein Gefühl der Kontrolle über die Situation.«

Bertram et al., o. J., S. 4

Eine bedeutende Voraussetzung, um in den Flow-Zustand einzutauchen, ist die Schaffung einer ablenkungs- und unterbrechungsfreien Energy-Box. Um eine solche Arbeitsumgebung zu schaffen, die den Flow-Zustand fördert, können verschiedene technische Hilfsmittel eingesetzt werden. Zeitmanagement-Apps können nützlich sein, da sie durch die Strukturierung von Arbeitsintervallen und Zeiten zum Aufladen helfen, die Konzentration zu steigern. Sie bieten zudem Funktionen, die störende Anwendungen und Websites während der Arbeitszeit blockieren.

Kommunikationstools wie Microsoft Teams, die eine »Nicht stören«-Funktion bieten, signalisieren Teammitgliedern, dass man gerade nicht unterbrochen werden möchte. Dies trägt dazu bei, die Anzahl der Unterbrechungen zu reduzieren, und ermöglicht eine tiefere Versunkenheit in die Arbeit. Intelligente Kalenderanwendungen wie Power-Zeiten unterstützen ebenfalls die Schaffung von Energy-Boxes, indem sie automatisch Zeiten für konzentrierte Arbeit reservieren und Erinnerungen für den Beginn und das Ende dieser Phasen setzen.

Die Gestaltung des Arbeitsumfelds kann ebenfalls durch Smart-Office-Lösungen optimiert werden. Diese passen automatisch Licht, Temperatur und Geräuschpegel an, um ideale Bedingungen für den Flow-Zustand zu schaffen. Blockier- und Filtersoftware hilft zusätzlich, Ablenkungen durch das Internet während der Arbeitszeit zu minimieren.

Auch Wearables können zur Unterstützung des Flow-Zustandes beitragen. Sie überwachen das Stresslevel und senden Erinnerungen für notwendige Pausen oder Bewegungszeiten, was zur Erhaltung von Energie und Konzentration während des Tages beiträgt.

Durch die Verwendung dieser Technologien wird eine Umgebung geschaffen, die minimale Ablenkungen bietet und es den Nutzenden ermöglicht, sich vollkommen auf ihre Aufgaben zu konzentrieren, was den Flow-Zustand erleichtert und aufrechterhält.

Praxis

Neben den Ablenkungen auf den beruflichen Kommunikationskanälen stellen mittlerweile besonders auch Benachrichtigungen der am Smartphone oder Laptop installierten sozialen Medienplattformen ein Problem dar.

Das Präsentsein auf diesen Plattformen kann sowohl beruflichen als auch privaten Zwecken dienen. Gleichzeitig kann das regelmäßige Benachrichtigtwerden über Likes, Kommentare oder anderen Informationen zu eigenen Posts oder gefolgten Beiträgen dazu führen, dass der Arbeits- und auch private Alltag regelmäßig unterbrochen wird.

Alle mir bekannten sozialen Medienplattformen bieten die Möglichkeiten, die Einstellungen zu Benachrichtigungen zu individualisieren. Als sehr hilfreich hat es sich erwiesen, sämtliche Push-Nachrichten zu deaktivieren und stattdessen bewusst Zeiten in den Tag zu integrieren, in denen diese abgerufen werden. Im Abschnitt »Wacher Kopf« (Kapitel 4.3) habe ich bereits beschrieben, dass eine Reizüberflutung auf neuronaler Ebene eine enorme Beanspruchung für unseren mentalen Akku darstellt. Auf sozialen Plattformen muss unser Gehirn in Millisekunden eine Vielzahl von Entscheidungen treffen: liken – nicht liken, kommentieren – nicht kommentieren, lesen – weiterscrollen.

Natürlich verstehe ich, dass für viele Menschen auch das Nicht-informiert-Sein über den Status auf den sozialen Plattformen Stress darstellen kann. Deswegen lohnt es sich, vormittags wie nachmittags bewusst Zeiten in den Tag einzuplanen, um diesem Bedürfnis oder der beruflichen Notwendigkeit nachzugehen, gleichzeitig aber für weniger Ablenkung und mehr Energie zu sorgen.

Unterbrechungen bei der Arbeit zählen aber nicht nur zu den Hauptstressoren am Arbeitsplatz, sondern stellen auch einen wirtschaftlichen Business Case dar, den es sich lohnt anzugehen. Laut einer aktuellen Studie des deutschen Think Tank Next Work Innovation werden Wissensarbeitende während ihrer Arbeitszeit alle vier Minuten unterbrochen. Dazu verbringen sie vier Stunden pro Woche in überflüssigen Meetings. Das summiert sich auf fünf Tage pro Monat (Starker et al., 2022). Fünf Tage, die an Produktivität verloren gehen und den Mitarbeitenden bei der Bewältigung der gesamten Workload fehlen.

> **Unterbrechungen und überflüssige Meetings kosten Unternehmen 114 Milliarden Euro pro Jahr.**

Wie es mit den Tools von Microsoft gelingt, Unterbrechungen zu reduzieren und somit im Flow zu bleiben, erklärt euch Alex.

Inside Microsoft Teams & Viva mit Alex

Die Funktion »Nicht stören« von *Microsoft Teams* ermöglicht es, sich in Zeiten hoher Arbeitsbelastung oder wichtiger Deadlines besser zu konzentrieren. Hier kannst du deinen Status so einstellen, dass du nicht länger durch Benachrichtigungen unterbrochen wirst. Damit unterstützt *Teams* dich dabei, deine Aufmerksamkeit auf die wesentlichen Aufgaben zu fokussieren und deine Produktivität zu steigern. Um diese Funktion zu nutzen, genügt ein Klick auf das eigene Profilbild in der oberen rechten Ecke von *Teams*, woraufhin die Option »Nicht stören« erscheint. Des Weiteren besteht die Möglichkeit, eine Dauer für den Nicht-Stören-Modus einzustellen, beispielsweise eine Stunde oder den gesamten Tag. Sollte eine Rückkehr zur Erreichbarkeit gewünscht sein, kann der Status auf »Verfügbar« geändert werden. Zudem ist es möglich, Ausnahmen für bestimmte Personen oder Gruppen festzulegen, die einen trotz aktivierter »Nicht stören«-Funktion weiterhin kontaktieren können. Die entsprechenden Einstellungen können über den Menüpunkt »Einstellungen« > »Datenschutz« > »Benachrichtigungsregeln bearbeiten« vorgenommen werden.

Fokuszeiten in *Microsoft Teams* helfen dir, ungestört an wichtigen Aufgaben zu arbeiten. Du kannst diese Zeiten im Voraus in deinem Kalender blockieren. *Teams* synchronisiert dies automatisch mit deinem *Outlook*-Kalender, damit du immer weißt, wann deine Fokuszeiten sind. Du kannst auch deine eigenen Fokuszeiten planen. Um Fokuszeiten zu nutzen, brauchst du die App *Viva Insights* in *Teams*. In den Einstellungen unter »Zeitfenster blockieren« findest du die Option »Konfigurieren Sie Ihren Fokusplan«. Dort kannst du festlegen, wie lang deine tägliche Fokuszeit sein soll, wann diese sein soll und ob Benachrichtigungen stummgeschaltet werden sollen.

Nach der Aktivierung werden die entsprechenden Zeiten automatisch in deinen Kalender eingetragen und in den kommenden Wochen so platziert, dass Lücken berücksichtigt werden. Die genannten Zeiträume sind somit für weitere Meetings gesperrt.

Ein weiterer Faktor, der das Flow-Erleben beeinträchtigen kann, ist die ständige Betrachtung des Posteingangs in *Outlook* oder auf dem Mobiltelefon. In vielen Büros stehen zwei Monitore zur Verfügung. Auf dem einen Monitor wird aktiv gearbeitet, während der zweite dauerhaft den Posteingang anzeigt. Auch wenn die Benachrichtigungen ausgeschaltet sind, ist man dennoch stets abgelenkt, wenn man im Augenwinkel sieht, dass eine E-Mail eingegangen ist.

Um diesem Problem entgegenzuwirken, kann die App *Boomerang* verwendet werden, die kostenlos in *Outlook* integriert werden kann. Mit *Boomerang* ist es möglich, den Posteingang temporär stummzuschalten, indem E-Mails umgeleitet und zu einem selbst gewählten Zeitpunkt wieder in den Posteingang geroutet werden. Es handelt sich hierbei um einen psychologischen Trick: Der Posteingang wird weiterhin am Bildschirm angezeigt, während des definierten Zeitfensters werden jedoch keine E-Mails empfangen. Ist die Microsoft-365-Installation umfassend, so betrifft dies auch den synchronisierten Posteingang auf dem Smartphone. Die Aktivierung führt also nicht nur dazu, dass keine Benachrichtigungen mehr angezeigt werden – es gehen auch keine E-Mails mehr ein. Diese Vorgehensweise unterstützt das Aufrechterhalten eines effizienten Arbeitsflusses.

Die App *Boomerang* stellt folglich eine nützliche Anwendung für *Outlook* dar, die die Organisation, Priorisierung und zeitliche Steuerung von E-Mails erleichtert. Die kostenlose App kann aus dem Microsoft Store heruntergeladen und installiert werden.

5.5 Meeting-Performance

Die im vorangegangenen Abschnitt zitierte Studie des deutschen Think Tank Next Work Innovation (Starker et al., 2022) verdeutlicht die Schiefstände der gegenwärtigen Meeting-Kultur in vielen Unternehmen. Eine Herausforderung wird in der Studie bereits beschrieben: Viele Meetings sind schlicht unnötig und könnten besser strukturiert oder in einer anderen Besetzung sattfinden. Das würde bei vielen Mitarbeitenden zu mehr Energie und im Unternehmen zu mehr Produktivität führen. Denn zweifelsohne hat die flächendeckende Möglichkeit, sich mit Menschen überall auf der Welt virtuell zu treffen, Geschäftsprozesse oder Projektstatus zu besprechen, zahlreiche Vorteile mit sich gebracht.

Ein zusätzlich hinzugekommenes Format ist das hybride Meeting, bei dem ein Teil der Teilnehmenden remote zugeschaltet sind, während der andere Teil in Präsenz vor Ort versammelt ist.

Wie ein gut organisiertes hybrides Meeting vorbereitet und umgesetzt werden kann, beschreiben Andrea Heitmann und Anne Michel hervorragend in ihrem Buch »Hybride Meetings«. Die Autorinnen befassen sich darin mit den Herausforderungen, die durch die gleichzeitige physische und virtuelle Anwesenheit von Personen entstehen (Heitmann/Michels, 2022).

Das Buch bietet praktische Tipps und Strategien, die dabei helfen sicherzustellen, dass alle Teilnehmenden gleichermaßen eingebunden sind, unabhängig davon, ob sie persönlich im Raum anwesend oder remote zugeschaltet sind. Außerdem wird auf

die Bedeutung von klaren Kommunikationsregeln und die Rolle des Moderators eingegangen, um ein effizientes und faires Meeting zu gewährleisten.

An dieser Stelle möchte ich auf die aus meiner Sicht wichtigsten und gleichzeitig am
häufigsten vernachlässigten Aspekte hinweisen, die es bei der erfolgreichen Organisation und Umsetzung von Online-Meetings zu beachten gilt:

Klare Struktur und Vorbereitung

Für ein erfolgreiches und energiegeladenes Online-Meeting ist es wichtig, sich vorher
zu überlegen, worum es im Meeting gehen soll, um eine Agenda zu erstellen und diese
vorab mit allen Teilnehmenden zu teilen.

Überlegte Auswahl der Teilnehmenden

Um Ressourcen im Team zu schonen und das Meeting effizient zu gestalten, sollte
schon vor dem Einladungsprozess überlegt werden, wer wirklich an dem Meeting teilnehmen muss. Nur diejenigen Personen, die direkt betroffen sind oder wichtige Beiträge leisten können, sollten eingeladen werden.

Meeting-Notes und Follow-up

Für eine effektive Nachbereitung lohnt es sich, während des Meetings Notizen zu machen, diese am Ende des Meetings zusammenzufassen und klare nächste Schritte
sowie Verantwortlichkeiten zu definieren. Eine Nachbereitung in Form einer schriftlichen Zusammenfassung der besprochenen Punkte, getroffenen Entscheidungen und
zu erledigenden Aufgaben hilft dabei, das Besprochene festzuhalten und die Umsetzung der nächsten Schritte sicherzustellen.

Die Pandemie ist vorbei und wir befinden uns wieder im normalen Arbeitsalltag. Es
lohnt sich daher, die aktuelle Meeting-Struktur zu überdenken und das eigene Verhalten zu hinterfragen.

Praxis

In meiner Arbeit mit Teams und Unternehmen analysieren wir das Energielevel
mithilfe des Energy-Checks. Dieser deckt auch den Bereich Meetings ab und liefert sehr hilfreiche Ergebnisse, wenn es darum geht, mehr Energie in die Teams
zu bringen. Stellt sich heraus, dass Meetings zum Energie-Killer werden, arbeiten
wir zusammen daran, die bestehenden Strukturen kritisch zu hinterfragen. In
vielen Fällen stellt sich dabei heraus, dass die Meeting-Struktur noch viele Alt-
lasten aus Zeiten der Pandemie mit sich herumträgt. Meetings, die während der
Isolation für Teams und die Projekte wichtig waren, werden auch heute noch
mitgeschleppt. Viele Meetings können ganz abgeschafft und auf andere Wege der
Kollaboration umgestellt oder aber auch wieder in den realen Raum zurückge-

führt werden, was zusätzliche Benefits aus dem Bereich echter sozialer Kontakte mit sich bringt und zum Aufladen beiträgt. Was sich jetzt nach Tabula rasa in der Meeting-Landschaft anhört, ist in Wirklichkeit gar nicht so schlimm. Die Analyse der Notwendigkeit und die Umstellung von ein bis zwei Meetings kann ein wunderbarer erster Schritt sein.

Virtuelle Meetings sind ein fester Bestandteil modernen Arbeitens und zählen trotzdem an vielen Stellen zu den Energie-Killern – emotional und kognitiv. Die Realität sieht für viele Mitarbeitende so aus, dass von einem Meeting in das nächste gesprungen werden muss, ohne ausreichende Zeiten zum Aufladen zu haben.

Das Human Factors Lab von Microsoft hat durch EEG-Messungen (Elektroenzephalografie) herausgefunden, dass bei Meetings ohne Zeiten zum Aufladen die Betawellenaktivität im Gehirn der Teilnehmenden ansteigt und somit Stress aufgebaut wird. Bei Meetings mit Zeiten zum Aufladen bleibt die Betawellenaktivität hingegen konstant (Microsoft, 2021).

Diese Studie liefert interessante Einblicke in die kognitive Belastung bei virtuellen Besprechungen. Betawellen sind ein Indikator für geistige Aktivität, die typischerweise mit wachem, engagiertem Denken, Aufmerksamkeit und Problemlösung assoziiert wird. Ein Anstieg der Betawellenaktivität kann daher als Zeichen von gesteigerter kognitiver Anstrengung und potenziellem Stress interpretiert werden.

Die Ergebnisse der Studie deuten darauf hin, dass die Teilnehmenden zunehmend geistige Anstrengungen unternehmen mussten, was als Stressor interpretiert werden kann. Typische Gründe für eine erhöhte kognitive Belastung in Online-Meetings können sein:

- **Hohe Konzentrationsanforderungen:** Ohne Zeiten zum Aufladen müssen die Teilnehmenden ihre Aufmerksamkeit kontinuierlich aufrechterhalten, was zu Ermüdung und Stress führt.
- **Mangel an Erholungsphasen:** Die natürlichen Zeiten zum Aufladen, die in einem physischen Meeting-Umfeld auftreten, fehlen oft bei virtuellen Meetings. Diese Zeiten sind, wie bereits beschrieben, entscheidend, um das Gehirn kurzzeitig zu entlasten und Informationen zu verarbeiten.
- **Überladung durch Multitasking:** In Online-Meetings kann es häufiger zu Multitasking kommen, weil die Teilnehmenden versuchen, gleichzeitig auf Mails zu antworten, das Meeting zu protokollieren oder andere Aufgaben zu erledigen. Dies erhöht die kognitive Belastung zusätzlich.
- **Technische Herausforderungen:** Probleme wie schlechte Audioqualität oder Verbindungsprobleme können zusätzliche Anstrengungen erfordern.

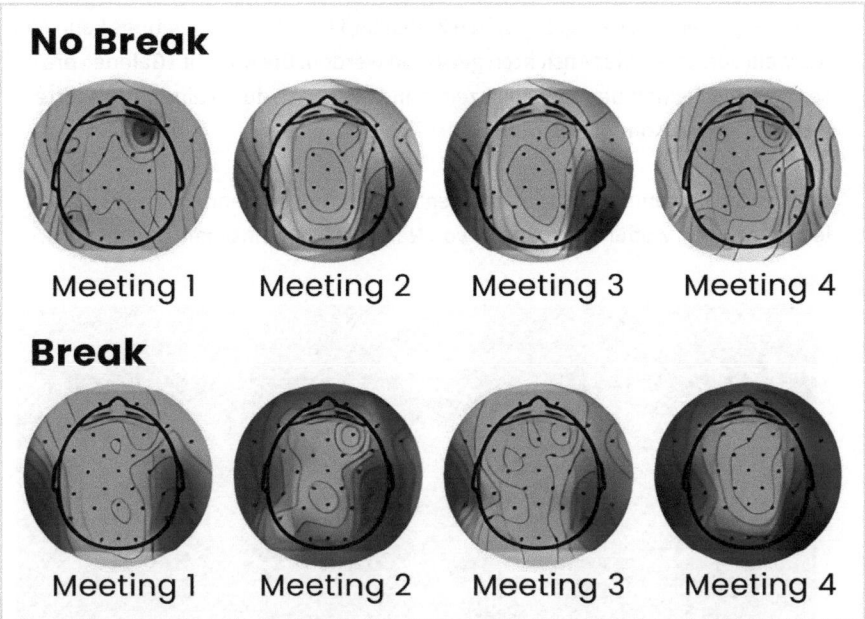

Quelle: https://www.microsoft.com/en-us/worklab/work-trend-index/brain-research?msockid=29fb615
92d6b63ef15f5752e2c1462f1

Neben den kognitiven Herausforderungen, die die Online-Meeting-Realität mit sich gebracht hat, wirken sich Online-Meetings auch auf unser soziales Miteinander aus – ein Aspekt, den ich bereits in Kapitel 4 »Energie aufladen« im Abschnitt »Sozialer Kontakt« genauer beschrieben habe.

Auf Team- und Organisationsebene ist es aufgrund der genannten Studienergebnisse mehr als ratsam, die bestehende Meeting-Struktur zu überprüfen und an die Post-Corona-Zeit anzupassen – die Energie der Mitarbeitenden und damit die der Organisation wird es danken.

Wie es gelingen kann, dem Meeting-Marathon mit technischen Einstellungen zu begegnen und für Zeiten zum Aufladen zu sorgen, zeigt euch Alex.

Inside Microsoft Teams & Viva mit Alex

Eine Möglichkeit, die Energie und Konzentration in *Microsoft-Teams*-Meetings zu erhöhen, besteht in der Nutzung der verschiedenen Ansichten, die die Plattform bietet. Die verschiedenen Ansichten erlauben den Teilnehmenden, sich auf die relevanten Inhalte und Personen zu fokussieren und sich nicht von unwichtigen Elementen ablenken zu lassen.

In Abhängigkeit von den spezifischen Zielen und Inhalten des Meetings kann eine Auswahl verschiedener Ansichten getroffen werden. Die Ansicht »Galerie« präsentiert alle Teilnehmenden gleichzeitig und fördert dadurch eine verbesserte Interaktion und Kommunikation.

Die Ansicht »Zusammen-Modus« präsentiert die Teilnehmenden in einer virtuellen Umgebung, wodurch ein Gefühl von Nähe und Gemeinschaft erzeugt wird.

Quelle: Alexander Eggers / Microsoft

Die Ansicht »Fokus« blendet die Gesichter der anderen aus und zeigt lediglich den präsentierten Inhalt, um Ablenkungen zu vermeiden. Die Ansicht »Sprecher/in« zeigt den/die jeweils aktive:n Sprecher:in im Großformat, wodurch der Fokus klar auf der sprechenden Person liegt.

Die Auswahl der adäquaten Ansicht für jedes Meeting ermöglicht eine Steigerung der eigenen Energie und Aufmerksamkeit, wodurch eine effektivere und produktivere Arbeitsweise gewährleistet wird.

Auch die künstliche Intelligenz (KI) hat mittlerweile Einzug gehalten. *Microsoft Copilot for Microsoft 365* ist ein intelligenter Assistent, der dazu in der Lage ist, die Effektivität von Teamsitzungen zu erhöhen. Der Assistent analysiert die Inhalte und den Verlauf des Meetings und erstellt eine Zusammenfassung, die die wichtigsten Punkte, Entscheidungen und offenen Fragen enthält. Darüber hinaus generiert er einen Aktionsplan, der aufzeigt, welche Schritte als Nächstes zu unternehmen sind, um die definierten Ziele zu erreichen.

Die Nutzung von *Copilot* ermöglicht eine Fokussierung auf das Gespräch, ohne dass die Aufmerksamkeit durch die Notwendigkeit, sich Notizen zu machen, oder die Angst, etwas zu verpassen, beeinträchtigt wird. Mehr zu KI und dem *Copilot* im nächsten Kapitel.

5.6 Runterfahren

Die Entgrenzung des privaten und beruflichen Lebens stellt in der normalen Arbeitswelt einen bereits identifizierten und nicht unerheblichen Stressor für viele Menschen dar. Das Gefühl ständiger Erreichbarkeit auch außerhalb der regulären Arbeitszeiten wird für viele Menschen zu einer echten Herausforderung.

Konnten wir vor einigen Jahren den Computer nach Arbeitsende am Arbeitsplatz noch ausschalten und erst am nächsten Morgen bei Arbeitsbeginn wieder hochfahren, so sind wir in einer flexiblen und agilen Arbeitswelt mit mobilen Devices jederzeit verfügbar – auch in unseren eigenen vier Wänden nach Feierabend. Mitarbeitende, die remote-first arbeiten und das Homeoffice beruflich nicht mehr verlassen müssen, sind davon besonders betroffen.

In eine Studie der Universität St. Gallen aus dem Jahr 2022 fanden die Autoren und Autorinnen heraus, dass sich ca. 41 % der in der Untersuchung befragten Mitarbeitenden, die im Homeoffice arbeiten, in einer ungesunden oder gar gesundheitsbedrohlichen Disbalance befinden (Top Job, 2022).

Circa 41 % der im Homeoffice arbeitenden Mitarbeitenden befinden sich in einer ungesunden oder gar gesundheitsbedrohlichen Disbalance.

Im Homeoffice passiert es schnell, dass die Grenzen zwischen Beruf und Privatleben verschwimmen, was meinen Erfahrungen nach besonders negativen Einfluss auf die in Kapitel 4 beschriebene Grundlagen menschlicher Energie hat. Es wird beim Essen am Küchentisch noch schnell eine E-Mail zu Ende geschrieben. Bewegung reduziert sich auf ein zum Überleben notwendiges Minimum. Der Laptop wird im Bett unmittelbar vor dem Einschlafen zugeklappt und dank mobiler Endgeräte bleibt nicht einmal mehr das stille Örtchen ein Ort der Ruhe.

All das stört unsere natürlichen Ressourcen enorm und so gelingt es uns nicht, Energie aufzuladen.

Praxis

Um Mitarbeitende in diesem Bereich zu unterstützen, habe ich im April 2020 mit einem meiner Kunden begonnen, Energy-Check-ins für seine Teams anzubieten. Dieses Format war dafür ausgelegt, Mitarbeitenden praktische Tipps für das eigene Energiemanagement im Homeoffice an die Hand. Der Check-in sollte dazu beitragen, das Wohlbefinden der Teams zu steigern – was rückblickend eine sehr visionäre Entscheidung des Unternehmens war und hervorragend funktioniert hat.

Damit die Entgrenzung zwischen privatem und beruflichem Leben weniger zu Tragen kommt, hat es sich für viele Mitarbeitende in der Praxis bewährt, im eigenen Lebensbereich – unabhängig von seiner Größe – feste Zonen für das Arbeiten festzulegen. Dies kann ein geeigneter Raum, ein Bereich im Zimmer oder auch eine Hälfte des Esstisches sein. Diese Abgrenzung hilft dabei, die Orte mental zu betreten und auch wieder zu verlassen.

Technologisch kann dieses Vorgehen auch ideal mit der bereits genannten Einstellung persönlicher Power-Zeiten in der Erreichbarkeit oder dem Energy-Boxing kombiniert werden. So kann z. B. ein fester Blocker in der persönlichen Mittagspause dazu dienen, keine Nachrichten zu erhalten. Die Routine, das Mittagessen in der privaten Zone des Esstisches und in Ruhe zu sich zu nehmen, macht auch aus einem kleinen Lebensbereich einen Ort zum Aufladen.

Was vielen Menschen, die im Homeoffice arbeiten, jedoch oft abgeht, ist der Heimweg. Auch wenn dieser, je nach Verkehrslage oder Pünktlichkeit des öffentlichen Nahverkehrs, stellenweise zu einem Stressor werden kann, dient er auch dazu, von der Arbeit abzuschalten und mental entspannt zu Hause anzukommen. Dieser Weg fehlt beim Arbeiten im Homeoffice und verleitet dazu, auch über das Ende der offiziellen Arbeitszeit hinaus noch weiterzuarbeiten oder noch schnell etwas fertig zu machen.

Eine hilfreiche, nicht technische Routine habe ich bereits vorgestellt: das mentale und auch physische Verlassen der Arbeitszone. Vielen Menschen hilft es, den Laptop zuzuklappen, ggf. auch aus dem Sichtfeld zu entfernen und eine Runde im Wohngebiet zu drehen, um den Heimweg zu simulieren.

Bei den Vorarbeiten zum E-Learning-Kurs »Mehr Energie im Job« hat Alex mir eine großartige Funktion aus der Microsoft-Viva-Landschaft vorgestellt, die ich bis dato selbst nicht kannte und die genau auf das Thema des Runterfahrens auf dem Heimweg einzahlt.

Inside Microsoft Teams & Viva mit Alex

Die Funktion, die Hannes meint, trägt die Bezeichnung »Virtuelles Pendeln« und zielt darauf ab, es den Anwenderinnen und Anwendern zu ermöglichen, einen klar definierten Übergang zwischen Arbeits- und Privatleben zu gestalten. Für zahlreiche Personen, die im Homeoffice tätig sind, stellt das Fehlen einer Routine einen Mangel dar. Die Gewährleistung einer Routine erfolgt durch das Pendeln zwischen Arbeitsplatz und Zuhause. Das virtuelle Pendeln stellt somit eine Möglichkeit dar, diese Lücke zu schließen und einen bewussten Wechsel zwischen den verschiedenen Rollen zu ermöglichen.

Mit *Viva Insights* besteht die Möglichkeit, einen täglichen Zeitplan für das virtuelle Pendeln festzulegen. Die Aktivierung der Funktion erfolgt in der App *Viva Insights* unter dem Menüpunkt »Einstellungen«. Der Menüpunkt »Virtuelles Pendeln« ist dort zu finden. Hier können die Wochentage sowie die Uhrzeit festgelegt werden, zu der eine Benachrichtigung erfolgen soll.

Zur definierten Uhrzeit sendet *Teams* eine Reminder-Nachricht zur virtuellen Heimfahrt. Sobald der Prozess gestartet wird, führt das »virtuelle Pendeln« den Nutzer bzw. die Nutzerin durch verschiedene Stationen. Das Programm umfasst eine Übersicht der noch ausstehenden Aufgaben des Tages, einen Ausblick auf den kommenden Arbeitstag sowie eine geführte Meditation, die den Tag sanft ausklingen lässt.

Die vorgestellte Funktion ermöglicht eine effektivere Steuerung der eigenen Energie, eine Reduktion von Stress sowie einen besseren mentalen Übergang in die Freizeit.

5.7 Zusammenfassung

In den letzten Jahren hat die Digitalisierung unsere Arbeitsweise grundlegend verändert, insbesondere durch die Einführung hybrider Arbeitsmodelle und die vermehrte Bildschirmarbeit. Flexibilität und ein ausgewogenes Verhältnis von Arbeit und Privatleben sind für die Generation Z von zentraler Bedeutung, wodurch Homeoffice und flexible Arbeitszeiten zu wesentlichen Bestandteilen der modernen Arbeitskultur geworden sind. Diese Entwicklung birgt jedoch auch Herausforderungen, insbesondere für bestehende (oft ältere) Mitarbeitende, die nicht ausreichend auf die virtuelle Zusammenarbeit vorbereitet wurden und dadurch Stress und Überforderung erleben.

Hauptgründe für Stress am Arbeitsplatz sind laut der TK-Stressstudie 2021 die Menge an Arbeit, Termindruck, Unterbrechungen und die Informationsflut. Hier kann Technologie sowohl Teil des Problems als auch Teil der Lösung sein. Mit der richtigen

Nutzung und den passenden Einstellungen kann Technologie dabei helfen, Energie zu sparen und eine nachhaltige Zusammenarbeit zu fördern.

Die Pandemie hat die virtuelle Zusammenarbeit vorangetrieben, oft ohne ausreichende Vorbereitung der Mitarbeitenden. Dies führte zu einem Dschungel an Kommunikationskanälen und einer Informationsüberflutung. Moderne Kollaborationstools wie Microsoft Teams können jedoch, richtig eingesetzt, die Produktivität steigern. Eine Studie von Forrester Consulting (Forrester, 2019) zeigt, dass die Nutzung von Teams die Produktivität signifikant erhöht und Information Worker durchschnittlich vier Stunden pro Woche sparen. Diese Effizienzsteigerung kann durch strukturierte Einführung und Schulung in diesen Tools noch weiter erhöht werden.

Effizientere Kommunikation und bessere Ressourcennutzung durch Kollaborationstools reduzieren die Notwendigkeit langer E-Mail-Ketten und wiederholter Meetings. Klare Aufgabenverteilung und die Vermeidung von Doppelarbeit tragen dazu bei, dass Mitarbeitende ihre Arbeit effektiver einteilen können, was den Stress reduziert. Zudem fördern moderne Tools flexible Arbeitszeiten und -orte, sodass der individuelle Energiehaushalt berücksichtigt werden kann.

Die Kenntnis des eigenen zirkadianen Rhythmus kann dabei helfen, die eigene Produktivität zu steigern. Wissenschaftliche Studien belegen, dass die Synchronisation von Arbeit mit den natürlichen Rhythmen und Power-Zeiten die Effektivität verbessert. Technische Hilfsmittel wie Kalender-Apps, Wearables und Aufgabenmanagement-Software unterstützen die Einhaltung eines optimalen Arbeitsrhythmus und steigern so die Produktivität.

Energy-Boxing ist eine angepasste Form des Zeitmanagements, die auf den ultradianen Rhythmus setzt. Auf Arbeitsphasen von 90 bis 120 Minuten folgen kurze Zeiten zum Aufladen. Technische Hilfsmittel wie Zeitmanagement-Apps und Kalender-Software helfen, diese Zeiten zum Aufladen im Arbeitsalltag auch einzuhalten. Microsoft Teams bietet Funktionen wie verkürzte Meetingzeiten und »ruhige Zeiten«, um Stress zu reduzieren und Erholungszeiten zu fördern.

Multitasking reduziert die Produktivität und erhöht die Fehleranfälligkeit. Der Flow-Zustand hingegen ermöglicht eine hohe Konzentration und Effizienz. Um diesen Zustand zu erreichen, sollten Ablenkungen minimiert und Energy-Boxing genutzt werden. Technische Hilfsmittel wie Zeitmanagement-Apps, die »Nicht stören«-Funktionen in Kommunikationstools und Smart-Office-Lösungen unterstützen die Schaffung eines Flow-fördernden Arbeitsumfelds. Microsoft Teams bietet Funktionen wie *Fokuszeiten* und die Möglichkeit, Benachrichtigungen stummzuschalten.

Die Meeting-Kultur in vielen Unternehmen trägt oft zu Stress und geringer Produktivität bei. Gut organisierte hybride Meetings, klare Kommunikationsregeln und der Einsatz moderner Technologien können die Effizienz von Meetings steigern. Microsoft Teams bietet verschiedene Ansichten, die Ablenkungen minimieren und die Konzentration fördern.

Die Entgrenzung von privatem und beruflichem Leben stellt für viele eine Herausforderung dar. Feste Zonen für Arbeit im Homeoffice und das mentale Verlassen der Arbeitszone helfen dabei, eine gesunde Balance zu wahren. Technische Lösungen wie das virtuelle Pendeln in Microsoft Viva Insights unterstützen Übergang vom Beruflichen ins Private. Diese Funktion bietet unter anderem auch geführte Meditationen, die es uns erleichtern, den Tag bewusst abzuschließen und in die Freizeit überzugehen.

Zusammenfassend lässt sich sagen, dass die strategische Nutzung von Technologie nicht nur die Produktivität und Effizienz steigern kann, sondern auch das Wohlbefinden der Mitarbeitenden verbessert. Durch die Integration moderner Tools und die Beachtung individueller Energieprofile können Unternehmen eine nachhaltigere und energiebewusste Arbeitsumgebung schaffen.[5]

5.8 Reflexion

Reflexionsfragen für Mitarbeitende	
Technologische Tools und Stress	
Wie gut komme ich mit den verwendeten Kollaborationstools zurecht?	
Welche spezifischen Schulungen oder Ressourcen könnten mir helfen, diese Tools effizienter und stressfreier zu nutzen?	

---

[5]   Diese Kapitelzusammenfassung wurde mithilfe der generativen KI ChatGPT 4o erstellt.

Reflexionsfragen für Mitarbeitende	
Beruf und Privatleben	
Wie gut gelingt es mir, Beruf und Privatleben zu trennen, besonders bei der Arbeit im Homeoffice?	
Welche Routinen oder technischen Settings kann ich einsetzen, um sicherzustellen, dass ich ausreichend Zeit zum Aufladen und zum Abschalten habe?	

Reflexionsfragen für Führungskräfte	
Vorbereitung und Schulung des Teams	
Wie gut sind die Mitarbeitenden in meinem Team auf die Nutzung moderner Kollaborationstools vorbereitet?	
Welche zusätzlichen Schulungen oder Ressourcen könnte ich bereitstellen, um sie besser zu unterstützen und Stress zu reduzieren?	
Meeting-Effizienz	
Wie sieht die Meeting-Kultur in meinem Team aus?	
Welche Maßnahmen kann ich ergreifen, um Meetings effizienter zu gestalten und sicherzustellen, dass mein Team regelmäßig Zeit zum Aufladen hat?	

Reflexionsfragen für Organisationen	
Technologische Vorbereitung und Standardisierung	
Wie gut ist unsere Organisation auf die Anforderungen einer hybriden Arbeitswelt vorbereitet?	
Welche Investitionen in Schulungen und Technologien sind notwendig, um die digitale Zusammenarbeit zu optimieren und stressfreier zu gestalten?	
Entgrenzung von Privat- und Berufsleben	
Welche Maßnahmen haben wir implementiert, um die Entgrenzung von Privat- und Berufsleben zu minimieren?	
Wie können wir zusätzliche Strategien entwickeln oder bestehende Richtlinien verbessern, um sicherzustellen, dass unsere Mitarbeitenden klar zwischen Arbeitszeit und Freizeit trennen können?	

5.9   Power-Strategien

Power-Strategien

Für Mitarbeitende

- Technische Hilfsmittel effektiv nutzen
  Vertraue dich den verschiedenen technischen Tools an, die dir im Arbeitsalltag zur Verfügung stehen. Lerne, wie du Kalender-Apps, Aufgabenmanagement-Software und Kommunikationstools optimal nutzt, um deine Arbeit besser zu organisieren und effizienter zu gestalten.
- Technologie zum Aufladen nutzen
  Nutze die technischen Settings, um die Prinzipien menschlicher Energie regelmäßig in deinen Arbeitsalltag zu integrieren und dadurch aufzuladen.

Für Führungskräfte

- Klare Kommunikationsrichtlinien etablieren
  Entwickle und kommuniziere klare Richtlinien für die Nutzung von Kommunikationstools und Meetings. Achte darauf, dass wichtige Informationen effizient verteilt werden und dass die Mitarbeitenden nicht durch Informationsflut oder unnötige Meetings überlastet werden.

- Unterstützung bei der Trennung von Arbeits- und Privatleben
  Fördere Maßnahmen, die den Mitarbeitenden helfen, eine klare Trennung zwischen Arbeits- und Privatleben zu schaffen. Dies kann durch flexible Arbeitszeiten und die Nutzung von Tools wie dem virtuellen Pendeln unterstützt werden.

Für Organisationen

- Effiziente Meeting-Kultur fördern
  Überprüft und optimiert die bestehende Meeting-Struktur, um unnötige Meetings zu reduzieren und klare Ziele und Agenden für notwendige Besprechungen zu etablieren.
- Mitarbeiterschulungen und Empowerment im Umgang mit Technologie
  Organisiert regelmäßige Schulungen und Workshops, um Mitarbeitende im effektiven Umgang mit technischen Tools und Plattformen zu schulen, und fördere ein tiefes Verständnis für die Funktionen und die Vorteile von Kollaborations- und Kommunikationstools wie Microsoft Teams.

6   KI-Readiness, um Energie freizusetzen

Hinweis

In der Ära der generativen künstlichen Intelligenz ist es unerlässlich, dass Mitarbeitende und Organisationen die Wichtigkeit von Datenschutz und Datensicherheit verstehen und strikt einhalten. Beim Einsatz von KI-Systemen müssen die Datenschutzrichtlinien konsequent umgesetzt werden, um personenbezogene Daten und Unternehmensinformationen zu schützen. Eine gründliche Schulung aller Beteiligten über die geltenden Bestimmungen ist dabei entscheidend, um sicherzustellen, dass die technologische Integration nicht auf Kosten unserer rechtlichen Verpflichtungen erfolgt.

Zusätzlich ist es von fundamentaler Bedeutung, ethische Überlegungen in den Umgang mit KI zu integrieren. Es muss eine klare Richtlinie vorhanden sein, die ethische Prinzipien wie Fairness, Transparenz und Verantwortlichkeit in den Entwicklungs- und Anwendungsprozess von KI-Technologien einbettet. Dies stellt sicher, dass KI-Systeme nicht nur effektiv, sondern auch im Einklang mit den grundlegenden menschlichen Werten und Rechten eingesetzt werden.

Der AI Act, eine Verordnung für den Einsatz von künstlicher Intelligenz in der Europäischen Union, wurde am 21. Mai 2024 verabschiedet. Das Ziel des AI Act ist es, eine einheitliche Regelung für die Entwicklung, den Einsatz und den Markt von KI-Systemen zu schaffen, um sicherzustellen, dass diese Systeme sicher und vertrauenswürdig sind und die Grundrechte und Werte der EU respektieren.

Im Folgenden wird daher, wenn es um den Einsatz von KI geht, vorausgesetzt, dass dem bzw. der Lesenden sowohl die grundlegenden als auch eventuell unternehmensspezifisch geltende Richtlinien bekannt sind.

Seit der Veröffentlichung von ChatGPT im November 2022 ist künstliche Intelligenz, mit dem Fokus auf generativer künstlicher Intelligenz (GenAI), in aller Munde und massentauglich geworden.

> »Generative KI basiert auf hochentwickelten Modellen für maschinelles Lernen, sogenannten Deep-Learning-Modellen. Dabei handelt es sich um Algorithmen, welche die Lern- und Entscheidungsprozesse des menschlichen Gehirns simulieren. Diese Modelle erkennen und kodieren die Muster und Beziehungen in riesigen Datenmengen und nutzen diese Informationen dann, um die Eingaben oder Fragen der Benutzer in natürlicher Sprache zu verstehen und darauf mit relevanten neuen Inhalten zu antworten.«
>
> Stryker/Scapicchio, 2024

Diese Entwicklungen bieten, wie ich im Folgenden erläutern werde, eine Vielzahl an Möglichkeiten, viele der eingangs beschriebenen Stressoren zu reduzieren und neue Energie freizusetzen. Dennoch stellen diese Entwicklungen für viele Menschen einen zusätzlichen Stressor dar: Sie fühlen sich im Umgang mit KI unsicher und viele fürchten, dass ihr Job über kurz oder lang wegfallen könnte.

Mit diesem Kapitel möchte ich versuchen, diese Ängste zu überwinden. Es ist hilfreich, die Möglichkeiten, die KI bietet, nicht als Gefahr, sondern als Chance zu begreifen. Mit dem Ansatz proaktiver Resilienz können wir uns auf Veränderungen – die sicher kommen werden – vorbereiten, unsere eigenen Fähigkeiten ausbauen – und so den Stressor »neue Technologien« reduzieren. Für Verantwortliche in Organisationen bedeutet das, eine klare Strategie zu entwickeln und diese an Mitarbeitende und Teams zu kommunizieren und einen offenen Dialog zu fördern.

Im Folgenden liegt der Fokus auf den zum Zeitpunkt des Verfassens dieses Buches aktuellen Versionen von ChatGPT und Microsoft Copilot. Beide sind KI-Technologien, die mit dem Ziel entwickelt wurden, Aufgaben und Aktivitäten schneller und effizienter zu erledigen. Auf der Support-Seite von Microsoft werden die beiden Systeme folgendermaßen beschrieben:

> »ChatGPT ist eine Technologie zur Verarbeitung natürlicher Sprache, die maschinelles Lernen, Deep Learning, natürliches Sprachverständnis und Generierung natürlicher Sprache verwendet, um Fragen zu beantworten oder auf Unterhaltungen zu reagieren. Es wurde entwickelt, um menschliche Unterhaltungen zu imitieren, indem es Ihre Frage oder Ihren Kommentar versteht und auf eine ansprechende Weise wie in einer Unterhaltung antwortet.«

> »MicrosoftCopilot ist ein KI-gestützter digitaler Assistent, der Benutzern personalisierte Unterstützung für eine Reihe von Aufgaben und Aktivitäten bieten soll. Copilot stellt nicht nur eine Verbindung zwischen ChatGPT und Microsoft 365 her, sondern kombiniert die Leistung großer Sprachmodelle (LLMs) mit Ihren Daten in Microsoft Graph (einschließlich Ihres Kalenders sowie Ihrer E-Mails, Chats, Dokumente, Besprechungen und mehr) und den Microsoft 365-Apps, um Ihre Worte in das leistungsfähigste Produktivitätswerkzeug der Welt zu verwandeln.«

> Microsoft, o. J.

Laut dem im Mai 2024 veröffentlichte Work Trend Index von Microsoft und LinkedIn nutzen 75 % der darin befragten Wissensarbeitenden KI in ihrem Arbeitsalltag (Microsoft, 2024).

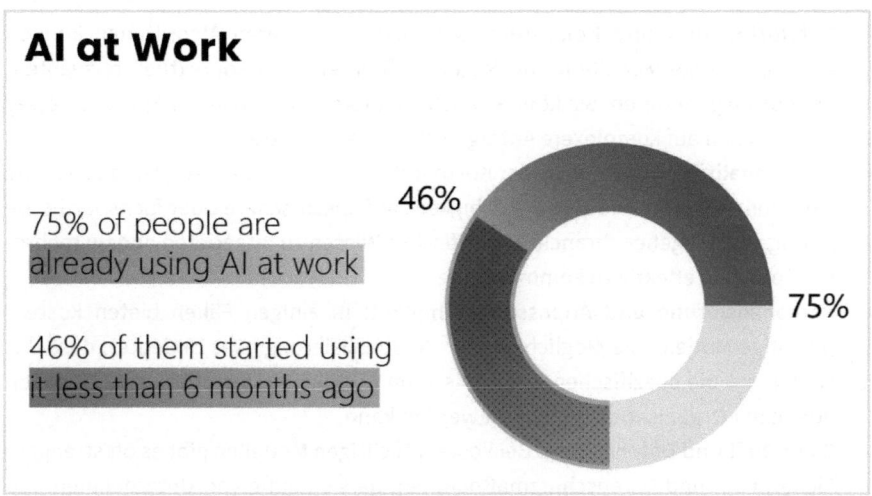

AI at Work

75% of people are
already using AI at work

46% of them started using
it less than 6 months ago

46%

75%

Quelle: https://www.microsoft.com/en-us/worklab/work-trend-index/ai-at-work-is-here-now-comes-the-hard-part

Dies spiegelt auch meine Erfahrung in der Praxis wider. Ich erlebe dabei aber sehr häufig, dass Mitarbeitende mit kostenlosen Versionen generativer KI-Systeme experimentieren und die Erfahrungen dabei in beide Richtungen gehen – von »wow« bis hin zu »das System halluziniert«.

Unter einer KI-Halluzination versteht man ein von einem KI-System überzeugend formuliertes Ergebnis, das objektiv falsch sein kann und nicht durch Trainingsdaten gerechtfertigt zu sein scheint. Eine solche »Halluzination« kann auftreten, wenn ein KI-Modell auf eine Situation stößt, für die es keine passenden Muster in seinen Daten findet. Es neigt dann dazu, Informationen zu »halluzinieren« (Wikipedia, 2024c).

Ich empfehle allen, die bereits mit KI experimentieren oder nach dem Lesen dieses Kapitels damit starten möchten, von den kostenlosen Grundversionen auf die höherwertigen Versionen der KI-Systeme zu wechseln. Diese sind in der Regel zwar mit monatlichen Gebühren verbunden, doch der verbesserte Outcome ist es absolut wert, und positive Erfahrungen im Stadium des Experimentierens tragen zusätzlich dazu bei, dass die Neugier positiv bestätigt wird.

Die Unterschiede zwischen kostenpflichtigen Versionen von generativen KI-Systemen und Basisversionen lassen sich in den folgenden Bereichen feststellen:

- **Modellgröße und Komplexität:** Neuere und kostenpflichtige Versionen nutzen oft größere und komplexere Modelle, die auf einer umfangreicheren Datenmenge trainiert wurden. Dies führt zu einer verbesserten Verarbeitung von Sprache, genaueren Antworten und einer besseren Fähigkeit, Kontext zu verstehen und zu berücksichtigen.

- **Antwortqualität und Konsistenz:** Mit fortschrittlicheren Algorithmen können kostenpflichtige Modelle in der Regel kohärentere und kontextuell relevantere Antworten generieren. Sie können auch subtilere Nuancen in der Sprache besser erfassen und auf komplexere Anfragen effektiver reagieren.
- **Funktionalitäten und Features:** Kostenpflichtige Versionen können zusätzliche Funktionen bieten, wie z. B. die Fähigkeit, auf spezifischere oder fachspezifische Anfragen einzugehen, branchenspezifisches Wissen zu integrieren oder in mehreren Sprachen effektiv zu kommunizieren.
- **Personalisierung und Anpassungsfähigkeit:** In einigen Fällen bieten kostenpflichtige Modelle die Möglichkeit zur Personalisierung, was bedeutet, dass das Modell auf die spezifischen Bedürfnisse und Vorlieben des oder der Nutzenden oder einer Organisation angepasst werden kann.
- **Sicherheit und Datenschutz:** Bei kostenpflichtigen Modellen gibt es oft strengere Sicherheits- und Datenschutzmaßnahmen, da sie häufig von Unternehmen und professionellen Anwendern genutzt werden, die hohe Anforderungen an Compliance und Datenschutz stellen.
- **Support und Wartung:** Mit einer kostenpflichtigen Lizenz kommen oft auch besserer Support und regelmäßige Updates. Diese Services helfen dabei, das System optimal zu nutzen und sicherzustellen, dass es mit den neuesten Erkenntnissen und Praktiken aktualisiert wird.

Derzeit spreche ich an vielen Stellen mit Unternehmensverantwortlichen, entwickle mit meinem Team KI-Strategien und begleite die Unternehmen in ihrem Transformationsprozess. In den Vorgesprächen und Inspirations-Workshops stelle ich dabei immer wieder fest, dass sich viele Unternehmen der möglichen Mehrwerte noch nicht bewusst und daher eher noch unsicher sind, ob sie in KI-Lösungen investieren wollen oder nicht.

Das Beratungsunternehmen McKinsey & Company schreibt in seiner Studie »Generative KI kann zum Produktivitätsbooster werden« aus dem Jahr 2023, dass generative KI das Potenzial hat, einen jährlichen Produktivitätszuwachs von 2,6 bis 4,4 Billionen US-Dollar zu ermöglichen (McKinsey & Company, 2023a). Gleichzeitig berichten die Befragten im Work Trend Index 2024 von Microsoft und LinkedIn, dass KI ihnen hilft, Zeit zu sparen (90 %), sich auf ihre wichtigsten Aufgaben zu konzentrieren (85 %), kreativer zu sein (84 %) und ihre Arbeit mehr zu genießen (83 %) (Microsoft, 2024). Denn Sprachmodelle wie ChatGPT und darauf aufbauende Tools wie der Copilot von Microsoft bieten schon in der jetzigen Entwicklungsstufe ein enormes Potenzial, Energie bei der Arbeit freizusetzen.

>»Die aktuelle Entwicklung von GenAI wird die Veränderungen in der Arbeits-
>welt beschleunigen. Die Technologie hat das Potenzial, Arbeitsschritte zu
>automatisieren, Menschen von Routinearbeiten zu entlasten und so neue Frei-
>räume für kreative Arbeit und Innovation zu schaffen.«
>
>McKinsey & Company, 2023a

Laut der »AI in Leadership«-Studie 2024 von Kearney und Egon Zehnder erwarten 70 %
der befragten Vorstände und Geschäftsführer durch generative KI eine Disruption in
ihrer Organisation (Kearney, 2024).

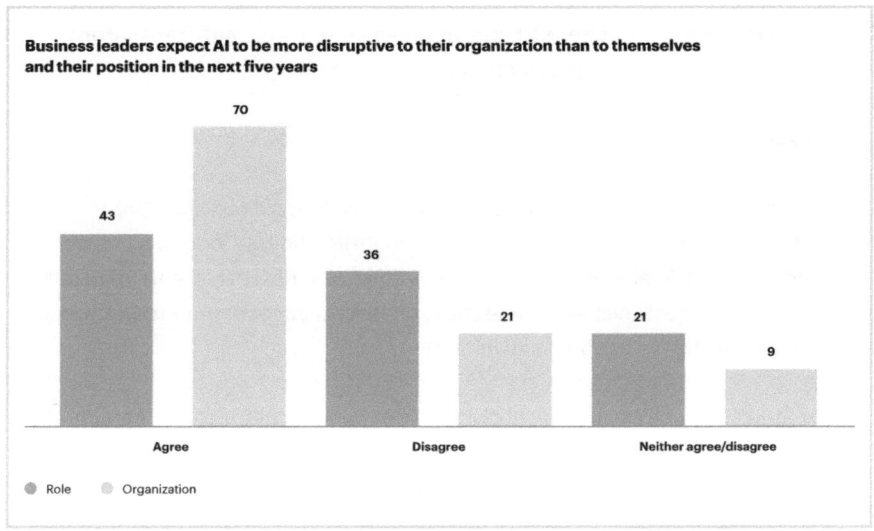

Quelle: https://www.kearney.com/service/digital-analytics/article/leadership-in-the-age-of-ai

Dort, wo KI in der Organisation schnell und ohne klare Strategie implementiert wurde,
wird – so stelle ich immer wieder fest – von den Unternehmen vorausgesetzt, dass Mitarbeitende »ready« sind und dieses Entwicklungstempo mithalten können. Die Realität sieht jedoch in vielen Fällen so aus, dass einige Mitarbeitende noch gar nicht fit
genug sind, um mitlaufen zu können, geschweige denn den Sprint mitzuhalten. Die
Konsequenz ist, dass viele stolpern, manche hinfallen und einige die Lust verlieren,
überhaupt wieder aufzustehen und weiterzulaufen – ein großes Hindernis für die In-
novations- und Zukunftsfähigkeit von Unternehmen.

Wenn Mitarbeitenden nicht klar ist, dass der geplante Einsatz von KI im Unternehmen
nicht zum Verlust ihres Arbeitsplatzes führen, sondern vielmehr eine Unterstützung
im Arbeitsalltag darstellen soll, schwindet die Wahrscheinlichkeit, dass diese technologische Weiterentwicklung nachhaltig eingesetzt und Energie steigernd genutzt wird.

Dies verdeutlicht auch die im zweiten Quartal 2024 erschienene Studie von Deloitte
»Now decides next: Getting real about Generative AI«. Darin wird beschrieben, dass

fehlendes Vertrauen ein Hauptfaktor bleibt, der die breite Einführung und erfolgreiche Skalierung von generativer KI hemmt. Zwar ist das Vertrauen der Befragten seit dem Aufkommen der generativen KI im Jahr 2022 gestiegen, aber dennoch vertrauen 64 % der Mitarbeitenden dem Management ihres Unternehmens nicht, wenn es um die nachhaltige Implementierung von KI geht, und weniger als die Hälfte der Unternehmen konzentriert sich auf Prozesse, die das Vertrauen in generative KI stärken. Unternehmen mit hoher KI-Expertise legen mehr Wert auf Transparenz gegenüber der Belegschaft sowie auf die Qualität der Eingabedaten und zuverlässige Ergebnisse (Deloitte Deutschland, 2024).

Unternehmen mit hoher KI-Expertise legen mehr Wert auf Transparenz gegenüber der Belegschaft.

Praxis

Um herauszufinden, wie fit Mitarbeitende für den Einsatz von KI im Unternehmen sind, nutze ich in meinem Unternehmen den KI-Readiness-Check bei unseren Kunden. Der KI-Readiness-Check ist der Auftakt zum KI-Fitnesscenter und analysiert das KI-Fitnesslevel der Belegschaft, um darauf abgestimmt Programme zur Entwicklung der KI-Readiness zu initiieren.

Der KI-Readiness-Check ist nicht nur für Unternehmen hilfreich, die gerade erst mit den ersten KI-Projekten starten, sondern auch für Organisationen und Teams, die bereits erste KI-Projekte umgesetzt haben. Bei einem Kunden, der in der Evaluierung der KI-Anwendungsfälle schon sehr weit war, konnte mithilfe des KI-Readiness-Checks analysiert werden, wo es aufseiten der Mitarbeitenden noch Bedarf zur Vorbereitung gab. Darauf abgestimmt wurden ergänzende Trainings aus dem KI-Fitnesscenter mit den Teams durchgeführt, die zum erfolgreichen Gelingen des KI-Projektes beitragen konnten.

In einem Kundenprojekt konnte mithilfe des KI-Readiness-Check festgestellt werden, dass fast zwei Drittel der Befragten daran glaubten, dass KI in vielen Bereichen ihres Arbeitsalltags Entlastung bringen kann. Gleichzeitig gaben aber mehr als die Hälfte der Befragten an, keine Anwendungsfälle für ihre Arbeit zu kennen und nicht gut darauf vorbereitet zu sein, KI-Systeme als Unterstützung im eigenen Arbeitsalltag effektiv zu nutzen.

Nach der Auswertung der Ergebnisse haben wir für das interne KI-Fitnesscenter Trainings- und Upskilling-Programme entwickelt, die zum einen dazu dienten, die KI-Readiness der Mitarbeitenden zu steigern und potenziellen Stress zu reduzieren, und zum anderen dazu, Use Cases für eine mögliche Produktivitätssteigerung im Unternehmen zu evaluieren.

Im Unternehmenskontext ist es daher wichtig, die Neugier auf künstliche Intelligenz bei Mitarbeitenden, Führungskräften und Unternehmensverantwortlichen zu wecken, da Neugier als ein zentraler Treiber für Innovation und kontinuierliches Lernen angesehen wird. Menschen, die neugierig auf neue Technologien wie KI sind, können dazu beitragen, die Adaption und Integration dieser Technologien im Unternehmen zu beschleunigen. Dies fördert nicht nur die persönliche Entwicklung, sondern stärkt auch die Wettbewerbsfähigkeit und Innovationskraft des Unternehmens. Durch das Fördern eines breiten Interessenspektrums können umfassendere Lösungsansätze entwickelt werden, die dabei helfen, flexibler auf Veränderungen im technologischen Umfeld zu reagieren (Koutstaal et al., 2022).

In einem Artikel der *British Psychological Society* hebt Sophie von Stumm, Professorin für Psychologie an der University of York, hervor, dass Neugier nicht nur angeboren ist, sondern auch erlernt werden kann, und dass ein breites Interessenspektrum zu besseren Lernergebnissen führt als eine tiefe Spezialisierung (British Psychological Society, 2016).

Ohne vorhersagen zu können, wohin die Entwicklungen im Bereich künstliche Intelligenz uns führen werden, möchte ich an dieser Stelle auf die Möglichkeiten eingehen, die generative KI-Systeme schon heute im Arbeitsalltag bieten, um Energie freizusetzen. In einem Pressebericht zum Work Trend Index 2024 schreiben die Autorinnen und Autoren:

> »Der Einsatz generativer KI am Arbeitsplatz hat sich in den letzten sechs Monaten fast verdoppelt. LinkedIn verzeichnet einen signifikanten Anstieg von Fachkräften, die KI-Fähigkeiten zu ihren Profilen hinzufügen, und die meisten Führungskräfte sagen, dass sie niemanden ohne KI-Fähigkeiten einstellen würden.«
>
> Microsoft, 2024a

KI-Fähigkeiten ermöglichen es Mitarbeitenden, sich von repetitiven und zeitraubenden Aufgaben zu lösen und stattdessen ihre Kapazitäten auf kreative und strategische Tätigkeiten zu konzentrieren. Dies kann zu einer spürbaren Entlastung und Reduzierung von Stressfaktoren, wie sie aus der TK-Stressstudie (Techniker Krankenkasse, 2021) bekannt sind, führen und gleichzeitig die Produktivität erhöhen.

Eine Studie von Rožman et al. (2023) untersuchte, wie künstliche Intelligenz (KI) dazu beitragen kann, die Arbeitsbelastung in Unternehmen zu reduzieren, besonders in einer Arbeitswelt, die durch Unsicherheit, Komplexität und schnelle Veränderungen geprägt ist (VUCA-Umfeld). Die Studie entwickelte ein Modell, das verschiedene Faktoren betrachtet, die die Wirkung von KI auf die Arbeitsbelastung beeinflussen.

Die Ergebnisse zeigen, dass Unternehmen, die eine Kultur fördern, in der KI aktiv genutzt wird, und die gleichzeitig unterstützende Führung und effektive Schulungen sowie Weiterentwicklungsmöglichkeiten für ihre Mitarbeitenden bieten, eine deutliche Verringerung der Arbeitsbelastung durch den Einsatz von KI feststellen können. Dies führt dazu, dass die Mitarbeitenden engagierter und motivierter arbeiten, was wiederum die Gesamtleistung des Unternehmens verbessert.

Von der Unterstützung von Kommunikationsprozessen bis hin zur intelligenten Datenanalyse und Wissensmanagement – die Beiträge intelligenter Assistenten sind vielfältig.

Dem Work Trend Index 2024 zufolge bringen 78 % der KI-Nutzenden ihre eigenen KI-Tools mit zur Arbeit (bring your own AI – BYOAI) – bei kleinen und mittleren Unternehmen sind es 80 %. Und es betrifft nicht nur die Generation Z – BYOAI erstreckt sich über alle Generationen hinweg (Microsoft, 2024).

Damit mit dieser Eigendynamik produktiv und im Unternehmen erfolgreich und zielgerichtet umgegangen werden kann, werde ich in den folgenden Abschnitten aufzeigen, wie generative KI speziell dazu beitragen kann, den Arbeitsalltag effizienter zu gestalten, und wie sie dabei hilft, nicht nur die Produktivität zu steigern, sondern auch neue Energie freizusetzen.

Wir beide, Alex und ich, sehen künstliche Intelligenz nicht als Ersatz für einen Menschen, sondern vielmehr als hilfreichen Teamplayer mit dem Potenzial, unseren menschlichen Fähigkeiten Superkräfte zu verleihen. KI wird es uns erlauben, in Zukunft mit noch mehr Energie zu arbeiten. Wie diese freigesetzte Energie und Zeit individuell und in der Organisation genutzt wird, hängt von jeder und jedem Einzelnen sowie den Verantwortlichen im Unternehmen ab. Sie kann beispielsweise dafür genutzt werden, Mitarbeitende mit den entsprechenden Up- und Reskilling-Programmen auf die Anforderungen von morgen vorzubereiten und weiterzuentwickeln. Gewonnene Zeit kann auch als Zeit zum Aufladen oder für soziale Interaktionen genutzt werden.

Es gibt zahlreiche Möglichkeiten, die durch den Einsatz von künstlicher Intelligenz geschaffenen Freiräume zu nutzen, um das Engagement von Mitarbeitenden zu fördern und die Zukunftsfähigkeit von Unternehmen zu unterstützen.

6.1 Steigerung der Produktivität

Werfen wir zu Beginn noch einmal einen genaueren Blick auf den digitalen Stressor Überlastung. Mit Überlastung ist das Gefühl gemeint, zu viele Informationen verarbeiten oder zu viele Aufgaben gleichzeitig bewältigen zu müssen. Dieser Stressor stellt in unterschiedlichen Studien eine der Hauptbelastungen für viele Mitarbeitende dar. In der TK-Stress-Studie z.B. geben 32% der Befragten die Workload als einen Hauptstressor am Arbeitsplatz an. Die daraus resultierenden Konsequenzen wie mentale Erschöpfung oder Unzufriedenheit wurden bereits ausführlich beschrieben.

Wir bereits mehrfach erwähnt, hält KI mit zunehmender Geschwindigkeit Einzug in Unternehmen und damit den Arbeitsalltag vieler Menschen. Eine im Handelsblatt-Newsletter veröffentlichte repräsentative Umfrage der DZ Bank unter 1.000 Inhabern und Geschäftsführenden mittelständischer Unternehmen im Zeitraum März bis April 2024 zeigt, wie generative KI aktuell zur Steigerung der Produktivität eingesetzt wird.

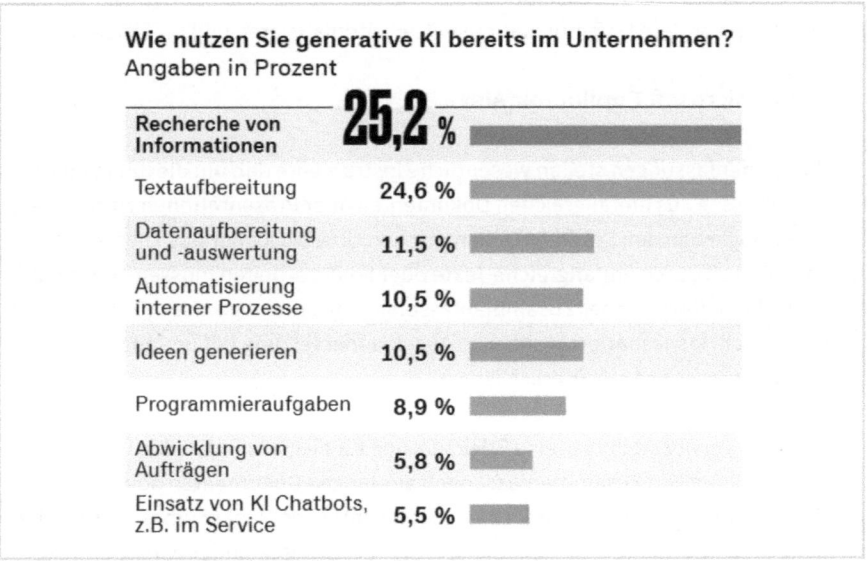

Quelle: https://www.handelsblatt.com/unternehmen/mittelstand/exklusive-umfrage-kuenstliche-intelligenz-erobert-jetzt-auch-den-mittelstand

Im Work Trend Index 2024 wurden vier Typen von KI-Nutzenden identifiziert – von Skeptikerinnen und Skeptikern, die KI selten nutzen, bis hin zu Power-Usern, die KI intensiv einsetzen. Letztere haben ihre Arbeitsweise und Geschäftsprozesse grundlegend verändert und sparen täglich über 30 Minuten. Über 90% der Power-Userinnen und -User berichten, dass KI ihre Arbeitsbelastung reduziert und ihre Arbeit angenehmer macht (Microsoft, 2024).

Nicht jede und jeder muss gleich zum Power-User werden, aber anhand dieser Gruppe lässt sich sehr gut aufzeigen, welche Möglichkleiten KI bietet, um den Arbeitsalltag produktiver zu gestalten und um damit Energie für andere Aufgaben oder Tätigkeiten freizusetzen. Ich möchte an dieser Stelle einen ersten Überblick darüber geben, wie KI hilft, die Produktivität generell zu steigern. Später werde ich dann auf ausgewählte und aus meiner Sicht besonders relevante Themenfelder eingehen, die großes Potenzial haben, sowohl Stress zu reduzieren als auch neue Energie freizusetzen.

Power-User nutzen KI, um zeitraubende Routineaufgaben zu automatisieren, was ihnen mehr Zeit für strategische und kreative Tätigkeiten verschafft. Dazu zählen wiederkehrende Aufgaben wie Datenpflege, Berichterstattung und andere administrative Tätigkeiten, wie die Zusammenfassungen umfangreicher Dokumente und Berichte oder das Bearbeiten von E-Mails. Im Bereich der Informationsverarbeitung werden Datenanalyse und -verarbeitung durch KI erheblich beschleunigt, was die Entscheidungsfindung der Power-User verbessert und optimiert. KI-Tools helfen aber auch, die interne und externe Kommunikation zu verbessern, indem sie E-Mails, Besprechungsprotokolle und andere Kommunikationsmittel automatisieren und präzisieren.

Inside Microsoft Copilot mit Alex

Zusammenfassungen stellen wesentliche Instrumente dar, um die Inhalte und Erkenntnisse aus umfangreichen Dokumenten oder Präsentationen zu erfassen. Sie ermöglichen den Lesenden einen raschen Überblick über das Thema, ohne dass sie sich durch umfangreiche Texte oder Folien arbeiten müssen. Allerdings ist die Erstellung solcher Zusammenfassungen mit einem gewissen Zeitaufwand verbunden, insbesondere wenn eine Auseinandersetzung mit umfangreichen Informationsmengen erforderlich ist.

Microsoft Copilot stellt hier eine Erleichterung für die Nutzenden dar, indem er die Erstellung von Zusammenfassungen aus langen Dokumenten oder Präsentationen vereinfacht. Er ist in der Lage, die wesentlichen Punkte eines Textes oder einer Präsentation zu erfassen und in einem kohärenten und prägnanten Text wiederzugeben. Nutzerinnen und Nutzer können die Länge und den Stil der Zusammenfassung anpassen, je nachdem, ob eine kurze Übersicht oder eine detaillierte Darstellung erforderlich ist.

Die genannten Funktionen lassen sich derzeit in *Microsoft Word* und *PowerPoint* darstellen, darüber hinaus jedoch auch in den Kommunikationstools *Microsoft Outlook* und *Microsoft Teams*. Lange E-Mail-Nachrichten können durch den *Copilot* zusammengefasst werden, was insbesondere nach einer längeren Abwesenheit einen großen Vorteil darstellen kann. Ebenso ist dies in *Teams*-Chats, Gruppenchats und Kanälen möglich.

Der *Microsoft Copilot* stellt somit einen signifikanten Mehrwert für die Nutzenden von Microsoft 365 dar, da er ihnen Zeit erspart, die sie sonst für die manuelle Erstellung von Zusammenfassungen oder das Lesen aufwenden müssten. Dadurch können Nutzende sich auf die wesentlichen Aspekte ihrer Dokumente oder Präsentationen konzentrieren.

Der *Copilot* kann zudem bei der Textarbeit unterstützen. Es besteht die Möglich-keit, Texte aus der Sie-Anrede in die Du-Anrede umzuwandeln. Des Weiteren bietet der *Copilot* Übersetzungen in andere Sprachen an, wodurch sich Zeit und Ressourcen einsparen lassen. Schließlich kann der *Copilot* auch bei der Recht-schreibung exzellente Leistungen erbringen.

Ein weiteres empfehlenswertes KI-Tool ist *DeepL*, das neben Übersetzungen auch die Umschreibung von Texten in einen anderen Stil ermöglicht. Dabei werden so-wohl Rechtschreibung als auch Satzstruktur angepasst.

Der Einsatz von KI-Systemen kann also schon heute dazu beitragen, die Arbeitsmen-ge deutlich zu reduzieren und damit sowohl Zeit als auch Energie freizusetzen. Diese Möglichkeiten erhöhen nicht nur die Produktivität, sondern sorgen auch dafür, dass das Stresslevel insgesamt zurückgeht.

Praxis

Ein passendes Beispiel, wie der Einsatz von generativer KI bei der Zusammenfas-sung längerer Texte helfen kann, sind die Kapitelzusammenfassungen in diesem Buch. Diese wurden mithilfe der künstlichen Intelligenz ChatGPT 4o erstellt, von mir geprüft und an wenigen Stellen angepasst. Da ich mich innerhalb der Kapitel schon intensiv mit der Recherche befasst hatte, konnte mich ChatGPT 4o an die-ser Stelle sehr effizient und zufriedenstellend unterstützen.

6.2   Impuls für Kreativität

KI hat aber nicht nur das Potenzial, die Produktivität und Effizienz zu erhöhen, sondern auch der menschlichen Kreativität einen Impuls zu geben. 90 % der Power-Userinnen und -User berichten, dass KI ihre Kreativität steigert, indem sie neue Ideen generiert (Microsoft, 2024). Eine Studie, veröffentlicht von der University of Southern California, zeigt, dass KI-Werkzeuge den kreativen Prozess unterstützen, indem sie neue Ideen generieren und die Ideenfindung erleichtern. Dies geschieht durch die Analyse großer Datenmengen und die Bereitstellung von Inspirationen, die für kreative Lösungen ge-nutzt werden können (Zhou/Lee, 2024).

Aus eigener Erfahrung kenne ich das Szenario, vor einer leeren PowerPoint-Slide zu sitzen und darauf zu warten, dass mir die richtige Idee für die Kundenpräsentation zufliegt – und mein Umfeld würde mich als sehr kreativen Menschen bezeichnen. Der Einsatz von künstlicher Intelligenz kann einen großen Beitrag dazu leisten, diesen Prozess zu beschleunigen und der eigenen Kreativität einen Impuls zu geben, was ich persönlich als äußerst hilfreich und entlastend empfinde.

- **Ideenfindung:** Künstliche Intelligenz kann, wie oben kurz beschrieben, bei der Generierung von kreativen Ideen und Vorschlägen helfen, die als Ausgangspunkt für neue Projekte und Innovationen dienen können.
- **Brainstorming-Unterstützung:** KI kann als Brainstorming-Partner fungieren, der dynamisch auf Vorschläge reagiert und diese weiterentwickelt.
- **Inspirationsquelle:** Bereitstellung von inspirierenden Inhalten, Designs oder Konzepten basierend auf aktuellen Trends und Datenanalysen.

Quelle: Alexander Eggers / Microsoft

Inside Microsoft Copilot mit Alex

Die Implementierung von künstlicher Intelligenz (KI) in den Entwurfsprozess markiert einen Paradigmenwechsel in der Art und Weise, wie wir Innovation und Wissensgenerierung betrachten. Die durch KI generierten Entwürfe können nicht nur die Qualität in bestehenden Bereichen steigern, sondern auch neue Möglichkeiten für Innovation und Kreativität eröffnen. Diese Entwürfe fungieren als Katalysator für Ideenfindung und Problemlösung, indem sie Nutzende dazu inspirieren, über den Tellerrand hinauszudenken und konventionelle Ansätze zu hinterfragen.

Entwurfshilfe durch *Microsoft Copilot*
Microsoft Copilot unterstützt bei der Erstellung von Entwürfen für verschiedene Zwecke, indem es die Nutzerinnen und Nutzer mit Vorlagen, Vorschlägen und Anpassungsmöglichkeiten versorgt. So kann *Microsoft Copilot* beispielsweise in Word integriert werden, um basierend auf dem Thema, dem Format und dem Ton des Textes geeignete Vorlagen zu erstellen, die dann als Arbeitsgrundlage ver-

wendet werden können. Anschließend besteht die Möglichkeit, den Text gemäß den individuellen Anforderungen zu modifizieren, zu ergänzen oder zu kürzen, während *Microsoft Copilot* relevante Informationen, Zitate oder Referenzen vorschlägt, die den Text bereichern können.

Der *Microsoft Copilot* in *PowerPoint* kann verwendet werden, um basierend auf den Inhalten und dem Ziel der Präsentation ansprechende Folien zu erstellen, die die Botschaft der Nutzenden hervorheben. Des Weiteren besteht die Möglichkeit, das Design, die Animationen und die Übergänge anzupassen, wobei *Microsoft Copilot* eine Rückmeldung sowie Empfehlungen zur Optimierung der Präsentation gibt.

Microsoft Copilot ermöglicht es den Nutzerinnen und Nutzern, auf einfache Weise erste Entwürfe zu erstellen, die anschließend zu verbesserten finalen Versionen weiterentwickelt werden können.

Des Weiteren wird durch die Entwürfe eine kognitive Entlastung der Nutzerinnen und Nutzer gewährleistet, da diese nicht mit einer leeren Seite beginnen müssen, sondern bereits einen strukturierten und qualitativ guten Text vor sich haben. Dies erlaubt es den Nutzenden, sich auf die Optimierung und Adaption des Textes an ihre Bedürfnisse und Ziele zu fokussieren, ohne Zeit und Energie für die Erstellung grundlegender Elemente zu verschwenden.

Neben dem Entwurf kann *Microsoft Copilot* auch bei der Kreativität selbst Unterstützung leisten, indem er verschiedene Möglichkeiten bietet, Ideen zu finden und auszudrücken. Ein Beispiel für die Integration von *Microsoft Copilot* in *Whiteboard* ist die Erstellung visueller Konzepte. Auf diese Weise ist es den Benutzerinnen und Benutzern möglich, Diagramme, Mindmaps oder Storyboards zu generieren, die ihre Gedanken veranschaulichen.

Des Weiteren kann *Microsoft Copilot* in *Loop* verwendet werden, um kollaborative Dokumente zu erstellen, die dynamisch Inhalte aus verschiedenen Quellen einbinden, wie beispielsweise Tabellen, Grafiken oder Videos. Dazu werden Daten auch durch den *Copilot* thematisch eingebracht. Dies ermöglicht es den Nutzenden, gemeinsam an Projekten zu arbeiten, Feedback zu geben und neue Perspektiven zu entdecken.

Um das volle Potenzial aus der kreativen Zusammenarbeit von Mensch und KI zu schöpfen, empfehle ich, es einfach auszuprobieren. Denn wie eingangs bereits beschrieben, stellt Neugierde und Experimentierfreudigkeit eine wichtige Ressource für Innovation und Zukunftsfähigkeit dar – individuell und als Organisation.

Praxis

In diesem Kontext möchte ich das vermutlich passendste Best-Practice-Beispiel für den Einsatz von generativer KI in einem meiner kreativen Arbeitsbereiche vorstellen: dieses Buchprojekt. Nicht nur weil KI ein inhaltlich wesentlicher Bestandteil dieses Buches ist, sondern auch weil es hervorragend zeigt, wie durch KI Kreativität freigesetzt werden kann.

Für dieses Buchprojekt habe ich die aktuellsten Versionen von ChatGPT dafür genutzt, meine Gedanken zum Projekt zu ordnen und einen ersten Entwurf für die Gliederung zu erhalten. Während des Schreibens habe ich meine Kapitelinhalte immer wieder überprüft und um weitere Ideen ergänzt. Dieses Vorgehen hat meine Kreativität und meine Ideen rund um dieses Buchprojekt enorm befeuert und zum hier lesbaren Ergebnis beigetragen.

6.3 Unterstützung bei der Kommunikation

Die Verwendung von künstlicher Intelligenz zur Unterstützung der Kommunikation hat ihren Ursprung bereits in den 1960er-Jahren. In dieser Zeit veröffentlichte der Informatiker Joseph Weizenbaum ELIZA, ein frühes Computerprogramm, das einfache psychotherapeutische Gespräche simulierte. Eliza ist sozusagen die Urmutter der inzwischen in jedem besseren Smartphone vertretenen virtuellen Assistenten.

Viele Menschen nutzen täglich KI-gestützte Technologien zur Unterstützung ihrer Kommunikation, oft ohne es zu bemerken. Sprachassistenten wie Amazon Alexa, Google Assistant und Apple Siri sind weit verbreitet und aus dem Alltag vieler Menschen nicht mehr wegzudenken. Aber auch im Arbeitskontext gehört der Einsatz von Übersetzungsdiensten wie Google Translate oder DeepL für viele Mitarbeitende zum normalen Alltag, ebenso wie moderne Programme zur Rechtschreib- und Grammatikkorrektur.

Darüber hinaus gibt es aber noch weitere Möglichkeiten, KI als Unterstützung in der Kommunikation einzusetzen und effizienter und mit mehr Energie zu arbeiten. Der Fokus liegt in meinen Ausführungen vor allem auf der schriftlichen Kommunikation mit Betonung auf *Unterstützung*. Meines Erachtens sollte auch das geschriebene Wort immer noch dem Charakter des oder der Schreibenden entsprechen, um nicht an Glaubwürdigkeit zu verlieren.

Verbesserung der schriftlichen Kommunikation
KI kann eine große Unterstützung bei der Formulierung klarer und präziser E-Mails oder Geschäftskorrespondenz sein. Gleichzeitig kann sie dabei helfen, die Kommuni-

kation im Team zu verbessern, indem Texte hinsichtlich unterschiedlicher Parameter korrigiert und umformuliert werden. Besonders Menschen, deren schriftliche Kommunikation weniger gut ausgeprägt ist, können stark davon profitieren.

Von einem derartigen Vorgehen profitieren aber nicht nur die Personen, deren schriftliche Kommunikation weniger gut ausgeprägt ist, sondern besonders auch die Empfängerinnen und Empfänger, was ich an einem Beispiel – mit der Hilfe von ChatGPT 4o – veranschaulichen möchte.

Beispiel

Ein wichtiger Kunde hat ein Projekt aufgrund von unerfüllten Anforderungen und Kommunikationsproblemen abgebrochen.

Betreff: Enttäuschung über das gescheiterte Kundenprojekt

Liebes Team,

ich bin wirklich enttäuscht über das Ergebnis unseres Projekts. Es tut mir leid, dass ich das so direkt sagen muss, aber wir haben die Anforderungen des Kunden nicht erfüllt und dadurch den Auftrag verloren. Einige von euch haben ihre Aufgaben nicht ernst genug genommen und das hat uns als Team wirklich geschadet.

Ich hoffe, dass wir uns in Zukunft mehr anstrengen und solche Fehler nicht mehr passieren. Es ist wichtig, dass wir alle an einem Strang ziehen und besser kommunizieren, um solche Situationen zu vermeiden. Das war wirklich ein Rückschlag für uns alle.

Mithilfe von ChatGPT umformulierte E-Mail:

Betreff: Reflexion und nächste Schritte nach dem Kundenprojekt

Liebes Team,

ich möchte offen über das Ergebnis unseres jüngsten Projekts sprechen. Der Abbruch durch den Kunden war ein harter Schlag, und ich bin genauso enttäuscht wie ihr.

Es ist klar, dass wir die Anforderungen des Kunden nicht vollständig erfüllt haben. Dies zeigt uns, dass wir einige Dinge verbessern müssen, insbesondere in Bezug auf die Kommunikation und das Engagement für unsere Aufgaben. Ich weiß, dass wir alle unser Bestes geben wollen, und deshalb ist es umso wichtiger, dass wir aus dieser Erfahrung lernen.

Lasst uns gemeinsam analysieren, was schiefgelaufen ist, und Wege finden, um diese Probleme zukünftig zu vermeiden. Ich schätze eure harte Arbeit und bin zuversichtlich, dass wir zusammen stärker werden und erfolgreichere Projekte umsetzen können.

Vielen Dank für eure kontinuierliche Unterstützung.

Dies ist ein gutes Beispiel, wie der Einsatz von KI die schriftliche Kommunikation unterstützen kann und gleichzeitig dazu beiträgt, das Kommunikationsverhalten der Schreibenden zu verbessern.

E-Mail-Management

Obwohl Kollaborationstools wie Microsoft Teams oder Slack in fast allen Organisationen angekommen sind, stellen E-Mails noch immer einen Hauptkanal in der Kommunikation dar – vor allem in der Korrespondenz mit Kunden oder Partnern außerhalb der eigenen Organisation.

Hier kann KI dabei unterstützen, intelligente Vorschläge für die Beantwortung häufiger Anfragen zu formulieren, Texte wie gerade beschrieben umzuformulieren oder Antworten aus E-Mail-Verläufen zu generieren, was Alex im Folgenden am Beispiel von Microsoft Copilot genauer erklären wird.

Inside Microsoft Copilot mit Alex

Die Nutzung von *Copilot* für Microsoft 365 in *Outlook* ermöglicht den Einsatz künstlicher Intelligenz, um die Effizienz und Effektivität beim Verfassen von E-Mails zu steigern.

Eine Möglichkeit stellt die Erstellung von E-Mails dar. Dies kann sowohl das Verfassen neuer E-Mails als auch das Antworten auf bereits bestehende E-Mail-Verläufe umfassen. Besonders bei Antworten auf bereits bestehende E-Mails zeigt der *Copilot* sein volles Potenzial, da er den Kontext aus den E-Mails kennt.

Es sind nur wenige zusätzliche Informationen notwendig, damit er weiß, was er tun muss. Bei neu zu formulierenden E-Mails ist ein ausführlicherer Kontext im Prompt erforderlich, was jedoch weiterhin zu zufriedenstellenden Ergebnissen führt. Ein entscheidender Vorteil ist, dass die Erstellung der E-Mails auch in anderen Sprachen möglich ist. Die dadurch erzielte Zeitersparnis ist erheblich und gewährleistet zudem eine bessere Verständlichkeit der E-Mail für den Empfänger.

Sollte dennoch eine eigenständige Erstellung der E-Mail erforderlich sein, so kann der *Copilot* in *Outlook* den Text auf Tonfall, Leserstimmung und Klarheit analysieren. Der *Copilot* liefert eine Einschätzung hinsichtlich der Deutung des Textes sowie Empfehlungen für eine optimierte Textgestaltung.

Wird eine E-Mail beispielsweise manuell auf einem Mobiltelefon verfasst, ist diese aufgrund der fehlenden physischen Tastatur in der Regel relativ kurz. Der *Copilot* verfasst die E-Mail auf dem Mobiltelefon so, als wäre sie auf einem PC erstellt worden. Dies resultiert in einer signifikanten inhaltlichen Aufwertung der ansonsten sehr knapp verfassten E-Mail.

Die genannten Unterstützungen erlauben es, sowohl Zeit zu sparen als auch bessere Arbeitsergebnisse zu produzieren.

Marketing und Interaktionsmanagement
Der durchdachte Einsatz von KI kann Unternehmen einen Vorteil bei der Optimierung der Kundeninteraktionen verschaffen. Durch effiziente und spezifische Textanpassung können Werbebotschaften auf Knopfdruck an die jeweiligen Personas angepasst werden, was nicht nur Zeit spart, sondern auch deren Wirksamkeit erhöht. Dies gilt für die Erstellung von Whitepapern bis hin zum Entwurf eines LinkedIn-Posts. Aber auch hier gilt – Authentizität first.

Künstliche Intelligenz kann einen großen Beitrag dazu leisten, die Kommunikation und damit das Miteinander im Arbeitskontext zu verbessern und dadurch Energie freizusetzen. Gleichzeitig stellt sowohl das geschriebene als auch das gesprochene Wort ein sehr mächtiges Instrument dar. Ich möchte an dieser Stelle daher noch einmal explizit auf den verantwortungsvollen Einsatz von KI besonders im Kontext der Kommunikation verweisen.

Dazu passt abschließend ein Zitat aus dem Microsoft Whitepaper 2023 »Künstliche Intelligenz: Was es für einen verantwortungsvollen Umgang braucht« von Annette Green, Sales Director Media und Professional Services, Microsoft Deutschland, mit Blick auf Kommunikation und die publizistische Hoheit:

> »Technologien können wertvolle Hilfsmittel sein, um den Journalismus besser zu machen. Ich bin überzeugt, dass schon bald kein*e Journalist*in mehr darauf verzichten möchte. Doch es bleiben Hilfsmittel. Die publizistische Hoheit kann und soll eine KI nicht ersetzen.«
>
> Microsoft, 2023

6.4   Managen von Wissen

Die gegenwärtige Flut an Informationen stellt nicht nur eine echte Herausforderung und Stress für unseren Organismus dar, sondern sorgt im Arbeitskontext auch dafür, dass Informationen und Wissen oft nicht mehr auffindbar sind. Hier kann der gezielte Einsatz von frei zugänglichen KI-Tools wie ChatGPT, KI-Systemen in Anwendungen – wie der Copilot von Microsoft – oder unternehmenseigenen KI-Systemen eine interessante Lösung sein.

Mit meinem Team begleite ich derzeit viele Unternehmen im Bereich Wissensmanagement, um auf der einen Seite die Zukunftsfähigkeit der Organisationen sicherzustellen und auf der anderen Seite Mitarbeitende und Teams zu entlasten. Ich möchte an dieser Stelle besonders auf den letzteren Punkt eingehen: wie KI im Wissensmanagement dabei helfen kann, den Stress bei Mitarbeitenden zu reduzieren und gleichzeitig Energie im Team freizusetzen.

In meiner Arbeit stelle ich immer wieder fest, dass Situationen, in denen von Mitarbeitenden ein bestimmtes Wissen erwartet wird, das sie aber nicht oder nicht mehr parat haben, zu erhöhtem Stress führen. Ein Grund für diese »Ausfallerscheinungen« könnte eine kognitive Überlastung sein. Die Theorie besagt, dass Menschen nur eine begrenzte Menge an Informationen gleichzeitig verarbeiten können. Wenn Mitarbeitende unter Druck gesetzt werden und auf mehr Informationen zugreifen müssen, als sie bequem verarbeiten können, kann dies zu Stress und Leistungseinbußen führen (Sweller, 1988).

Gleichzeitig erlebe ich, dass Mitarbeitende, die in einem Fachgebiet spezialisiert sind und deshalb immer wieder durch Fragen aus dem Team in ihrer Arbeit unterbrochen werden, ein höheres Stresserleben haben. Ich möchte damit keinesfalls andeuten, dass wir im Team nicht mehr miteinander kommunizieren sollten. Vielmehr möchte ich im Folgenden zeigen, wie der gezielte Einsatz von KI im Bereich Wissensmanagement für beide Seiten zu weniger Stress und mehr Produktivität beitragen kann.

Schnelle und effiziente Recherche
Mitarbeitende können KI-Systeme wie ChatGPT als Recherchetool verwenden, um Informationen zu spezifischen Themen zu finden. Die KI kann relevante Artikel, Studien und andere Ressourcen identifizieren und zusammenfassen. Der oder die Nutzende sollte das Ergebnis dieser Recherchen im Anschluss selbstverständlich noch einmal kritisch prüfen.

Erstellung und Pflege von FAQ-Datenbanken
Frei zugängliche KI-Systeme können verwendet werden, um eine generalisierte, aber umfassende FAQ-Datenbank zu erstellen, zu pflegen und um zu erwartende Fragen zu ergänzen. Dies kann intern besonders nützlich sein, wenn neue Mitarbeitende eingearbeitet werden oder wenn es darum geht, spezifische, oft nachgefragte Informationen seitens der Kunden schnell bereitzustellen.

Interne Wissensdatenbanken und automatisierte Beantwortung
Einen weiteren Schritt stellt KI in Form eines Chatbots dar, der häufig gestellte Fragen beantworten oder Informationen aus einer internen Wissensdatenbank abrufen kann. Dies umfasst Fragen zu Unternehmenswissen, Unternehmensrichtlinien, IT-Support, HR-Angelegenheiten und mehr und kann je nach Funktion intern oder auch im Kundensupport betrieben werden.

Inside Microsoft Copilot mit Alex

Zu den herausragenden Vorteilen des *Copilot* für Microsoft 365 zählt sein seman-
tischer Index. Der Index umfasst sämtliche Daten, auf die Nutzerinnen und Nutzer
Zugriff haben, darunter E-Mails, Chats und Dateien in *OneDrive* oder *SharePoint
Online*. In anderen Worten bedeutet dies, dass der *Copilot* Kenntnis über den Inhalt aller Dateien im Unternehmen sowie aller E-Mails und Chats hat. Infolgedessen fungiert er als eine Art Begleiter, der über ein umfangreiches Wissen verfügt
und in der Lage ist, Fragen zu beantworten.

Ein anschauliches Beispiel wäre das Mitarbeiterhandbuch, das irgendwo auf dem
Firmen-SharePoint liegt und die Kernarbeitszeiten regelt. Anstatt selbst nach
dem Dokument zu suchen, kann man den *Copilot* fragen, wo es sich befindet. In
der Folge wird auf die betreffende Datei verwiesen. Eine noch bessere Möglichkeit ist es, den *Copilot* direkt nach einer bestimmten Information zu fragen. Dies
kann beispielsweise die Frage sein: »Wie sind die Kernarbeitszeiten in unserer
Firma?«

Alternativ kann es von Interesse sein, eine Zusammenfassung aller Informationen zu einem spezifischen Projekt zu erhalten. Der *Copilot* durchsucht sämtliche
Quellen, darunter E-Mails, Chats und Dateien, und präsentiert die Informationen
in einer zusammenfassenden Darstellung mit Quellverweis.

Diese Entwicklung revolutioniert die Art und Weise, wie wir bisher gearbeitet haben, da wir nun einen Assistenten an unserer Seite haben, der sämtliche Informationen aus dem Web und insbesondere aus unserem Unternehmen kennt. Dies
ermöglicht eine effizientere und zielgerichtete Arbeitsweise, da auf einen umfangreichen Wissenspool zugegriffen werden kann, ohne dass eine eigene Suche
nach Informationen erforderlich ist. Es kann somit festgehalten werden, dass die
Nutzung des Assistenten eine deutliche Optimierung der Arbeitsorganisation und
-strukturierung ermöglicht.

Durch den Einsatz von KI im Wissensmanagement können Unternehmen nicht nur
die Effizienz und Produktivität steigern, sondern auch die Arbeitsbelastung und den
Stress der Mitarbeitenden signifikant reduzieren. Es ist jedoch wichtig, dass die Einführung solcher Technologien sorgfältig geplant wird, um sicherzustellen, dass sie
den tatsächlichen Bedürfnissen der Mitarbeitenden oder Kunden und Kundinnen entsprechen und eine positive Nutzererfahrung bieten.

Praxis

In meinem Unternehmen begleiten wir aktuell mehrere individuelle Kundenprojekte mit dem Schwerpunkt »KI-gestütztes Wissensmanagement im Unternehmen«, um Mitarbeitende zu entlasten, Energie freizusetzen und die Innovationsfähigkeit der Unternehmen zu unterstützen – wir sprechen hier von KI als Business Accelerator. Besonders in diesen individuellen Lösungen für Kunden kommen viele der oben aufgeführten Punkte zum Tragen.

6.5 Verbesserung der Meeting-Performance

Im Kapitel 5 haben ich bereits die Meeting-Realität vieler Mitarbeitender angesprochen und bin auf die Grundlagen für ein energiegeladenes und effizientes Online-Meeting eingegangen. Genau in diesem Bereich kann KI eine große Erleichterung bringen, für mehr Effizienz sorgen und Energie freisetzen.

KI-Systeme wir ChatGPT können zum Beispiel dabei helfen, die Agenda für ein Meeting zu erstellen. Dieser Schritt kann einen enormen Performance-Booster für die Qualität und den Outcome des gesamten Meetings darstellen. KI kann hier aber auch genutzt werden, um eine bereits bestehende Agenda basierend auf den Prioritäten des Teams und den Zielen des Meetings anzupassen und um weitere Punkte zu ergänzen. Dies kann wertvolle Zeit im Meeting sparen oder das Brainstorming unterstützen.

Während des Meetings verfasste Notizen können mithilfe von KI aufbereitet und ergänzt werden, um daraus konkrete Next Steps abzuleiten. Dabei ist immer darauf zu achten, dass die Inhalte keine Datenschutzrelevanz besitzen (siehe Hinweis zu Beginn des Kapitels).

Da Online-Meetings ein fester Bestandteil der Arbeitswelt sind und weiterhin sein werden und gleichzeitig viel zum Stressempfinden und zum Produktivitätsverlust Mitarbeitender beitragen, lohnt es sich hier aus meiner Sicht besonders, den Blick auch auf KI-Tools in Anwendungen zu richten, wie es Alex am Beispiel des Microsoft Copilot darstellen wird.

Inside Microsoft Copilot mit Alex

Ein weiteres bemerkenswertes Merkmal des *Copilot* für Microsoft 365 ist seine Fähigkeit, Zusammenfassungen von Meetings zu erstellen und Fragen an das Transkript zu stellen. Nehmen wir an, du hast ein wichtiges Meeting verpasst oder möchtest dich an bestimmte Details eines Meetings erinnern, das bereits einige Wochen zurückliegt. In solchen Fällen kann der *Copilot* eine unschätzbare Hilfe sein.

Der *Copilot* ist in der Lage, automatisch ein Transkript eines Meetings zu erstellen und dieses in einer leicht verständlichen Zusammenfassung zu präsentieren. Die Zusammenfassung beinhaltet eine komprimierte Darstellung der während des Meetings thematisierten Punkte sowie eine Aufschlüsselung der Aufgaben nach verantwortlichen Personen.

Diesbezüglich sei jedoch angemerkt, dass die zuvor genannten Funktionen lediglich einen Ausschnitt der Möglichkeiten darstellen. Des Weiteren besteht die Möglichkeit, spezifische Fragen an das Transkript zu richten. Beispielsweise könntest du folgende Fragen stellen: »Was wurde über das Projekt X in dem Meeting vom letzten Dienstag gesagt?« oder »Wer hat die Aufgabe übernommen, den Bericht für das nächste Meeting vorzubereiten?« Der *Copilot* durchsucht das Transkript und liefert dir die gewünschten Informationen.

Doch damit nicht genug: Der *Copilot* kann zudem als Berater fungieren. Während des Meetings kann er dazu beitragen, bislang unbeantwortete Fragen zu identifizieren. Zudem kann er am Ende des Meetings Empfehlungen aussprechen, wie die Kommunikation im Team optimiert werden kann.

Diese Funktionen können die Effizienz und Produktivität von Teams erheblich steigern. Die Funktion ermöglicht es den Teammitgliedern, sich auf ihre Kernaufgaben zu konzentrieren, anstatt Zeit mit der Suche nach Informationen in alten Meeting-Protokollen zu verbringen. *Copilot* ist somit eine Art persönlicher Sekretär, der die Organisation sämtlicher Meetings übernimmt, den Überblick gewährleistet und Hilfestellung während und nach dem Meeting gibt. Dies stellt einen weiteren Schritt in Richtung einer intelligenteren und effizienteren Arbeitsumgebung dar.

6.6   Persönliche Assistenz, Berater und Coach

Zu welcher Energieeffizienz der Copilot von Microsoft als Assistenz in Meetings beitragen kann, hat Alex im vorangegangenen Abschnitt bereits eindrucksvoll erläutert. Aber auch generative KI-Systeme, die keinen direkten Zugriff auf spezifische Daten haben, können als persönliche Assistenz oder Berater eingesetzt werden – zum Beispiel zur Vorbereitung auf Termine und Gespräche. ChatGPT kann nicht nur dabei helfen, eine effektive Agenda für bevorstehende Termine und Gespräche zu erstellen. Werden dem KI-Modell die Ziele des Treffens sowie die beteiligten Personen und Rollen mitgeteilt, kann es gezielt Ablaufpläne und Fragestellungen vorschlagen, was für mehr Sicherheit und weniger Stress im Gespräch sorgen kann.

Mithilfe der derzeit aktuellen Version von ChatGPT (4o) kann dieses vorbereitende Training nicht nur auf schriftlichem Weg, sondern mittels der Sprachausgabe auch als real wirkender Dialog stattfinden. Dabei können vom KI-System unterschiedliche Charakteristiken eingenommen werden – von enthusiastisch bis kritisch, von Detail- bis Bildsprache.

Ein solches Vorgehen und Training kann für unterschiedliche Personengruppen im Unternehmen relevant sein:

- **Berufseinsteigerinnen und -einsteiger sowie junge Fachkräfte**
  Um eine Verbesserung in Bewerbungsgesprächen oder der Präsentationsfähigkeit vor dem Team zu erlangen, kann die Simulation von Gesprächsszenarien, das Üben von Antworten auf typische Interviewfragen und die Vorbereitung von Präsentationen hilfreich sein.
- **Vertriebsteams und Vertriebsleitende**
  Zur Steigerung der Verkaufsfähigkeiten und Verbesserung der Kundenkommunikation können Verkaufsgespräche geübt, Einwände behandelt, Meetings mit potenziellen Kunden vorbereitet und Verkaufsstrategien trainiert werden.
- **Führungskräfte, Managerinnen und Manager**
  Für eine effektive Vorbereitung auf wichtige Meetings, Verhandlungen oder Gespräche mit Mitarbeitenden, können Simulationen von schwierigen Gesprächssituationen, die Entwicklung von Agenden, die Formulierung von Zielen und Fragestellungen für Meetings oder das Training von Verhandlungsstrategien einen großen Nutzen darstellen.
- **Kundendienst- und Support-Mitarbeitende**
  Um die Kommunikation mit Kunden und das Handling von schwierigen Situationen zu verbessern, können Kundenanfragen simuliert, Konfliktlösungsstrategien und die Verbesserung der Kommunikationsfähigkeit trainiert werden, um kundenorientierte Lösungen anzubieten.

Beispiel-Szenario: Vorbereitung auf ein wichtiges Geschäftsmeeting

Ausgangslage

Du bist eine vertriebsleitende Person eines mittelständischen Unternehmens und hast in einer Woche ein wichtiges Meeting mit einem potenziellen Großkunden. Ziel des Meetings ist es, den Kunden von eurem neuesten Produkt zu überzeugen und einen langfristigen Vertrag abzuschließen.

Schritt 1: Ziele und Beteiligte definieren

Ziele des Meetings:
1. Präsentation des neuen Produkts und seiner Vorteile
2. Verständnis der Bedürfnisse des Kunden
3. Aufbau einer vertrauensvollen Beziehung
4. Abschluss eines Vorvertrags für eine Testphase des Produkts

Beteiligte Personen:
- du selbst als Vertriebsleiter:in
- der potenzielle Großkunde, repräsentiert durch den/die Einkaufsleiter:in und den/die technische:n Direktor:in des Unternehmens
- dein:e technische:r Expert:in, der/die bei detaillierten Fragen unterstützen kann

Schritt 2: Agenda und Fragestellungen erstellen

Agenda des Meetings:
1. Begrüßung und Vorstellung (5 Minuten)
2. Überblick über dein Unternehmen und bisherige Erfolge (10 Minuten)
3. Präsentation des neuen Produkts (15 Minuten)
   - Funktionen und Vorteile
   - Live-Demonstration
4. Bedürfnisse und Fragen an den Kunden (20 Minuten)
   - Welche Herausforderungen haben Sie aktuell?
   - Was sind Ihre wichtigsten Anforderungen an ein Produkt wie unseres?
5. Diskussionsrunde und Einwandbehandlung (15 Minuten)
6. Nächste Schritte und Abschluss (5 Minuten)

Beispielhafte Fragen an den Kunden:
- Welche aktuellen Probleme könnten durch unser Produkt gelöst werden?
- Welche Features sind für Sie besonders wichtig?
- Haben Sie bereits ähnliche Produkte im Einsatz und wenn ja, welche Erfahrungen haben Sie gemacht?

Schritt 3: Simulation des Gesprächs

Mithilfe von ChatGPT kannst du das Meeting simulieren, indem du typische Fragen und Antworten durchspielst. ChatGPT kann sowohl die Rolle des potenziellen Kunden als auch deine Rolle übernehmen, um verschiedene Szenarien zu üben.

Schritt 4: Sprachausgabe und real wirkender Dialog

Mit der aktuellen Version von ChatGPT (4o) kannst du das Training auch in Form eines real wirkenden Dialogs durchführen. Dies hilft dir, deine Ausdrucksweise, Stimme und Körpersprache zu verbessern, und gibt dir mehr Sicherheit für das tatsächliche Meeting.[6]

Als Coach und Berater mit mehr als 15 Jahren Praxiserfahrung und mit dem Wissen, welche Relevanz die reale Interaktion mit anderen Menschen hat, würde ich nie dazu tendieren, diese durch Technologie zu ersetzen. Gleichzeitig stellt der Mangel an personellen Ressourcen in vielen Organisation aktuell noch eine Herausforderung dar, die zwar mit den soeben beschriebenen Szenarien nicht aufgehoben, aber zumindest temporär kompensiert werden könnte.

---

6   Diese Text wurde mithilfe der generativen KI ChatGPT 4o erstellt.

Womöglich wäre in diesem Kontext auch die Überlegung wertvoll, neue »hybride« Trainings und Weiterbildungen für Mitarbeitende anzubieten, die aus der fachlichen Expertise von Menschen und der schier unerschöpflichen Ressource und Verfügbarkeit der künstlichen Intelligenz entstehen – wie ich finde, ein zukunftsorientierter Ansatz proaktiver Resilienz.

6.7 Zusammenfassung

In der modernen Arbeitswelt ist die Bedeutung der künstlichen Intelligenz (KI) stark gewachsen, insbesondere seit der Veröffentlichung von ChatGPT im November 2022. KI-Systeme wie ChatGPT und Microsoft Copilot nutzen fortschrittliche Deep-Learning-Modelle, um menschliche Lern- und Entscheidungsprozesse zu simulieren und Aufgaben effizienter zu erledigen. Diese Technologien helfen dabei, Energie im Arbeitsalltag freizusetzen und die Produktivität zu steigern. Allerdings ist es unerlässlich, dass Datenschutz und ethische Prinzipien bei der Nutzung von KI konsequent eingehalten werden. Der AI Act, der im Mai 2024 in der EU verabschiedet wurde, soll sicherstellen, dass KI-Systeme sicher und vertrauenswürdig sind und die Grundrechte Mitarbeitender respektieren.

Generative KI, wie sie in ChatGPT und Microsoft Copilot verwendet wird, hat das Potenzial, erhebliche Produktivitätsgewinne zu ermöglichen. Laut dem Work Trend Index von Microsoft und LinkedIn nutzen 75 % der befragten Wissensarbeitenden KI in ihrem Arbeitsalltag. Diese Tools helfen nicht nur dabei, Routineaufgaben zu automatisieren, sondern unterstützen auch kreative Prozesse. KI kann beispielsweise helfen, Berichte und E-Mails zu verfassen, Daten zu analysieren und zu visualisieren und sogar Meetings zu optimieren, indem sie Protokolle erstellt und Aufgaben verfolgt.

KI kann die Produktivität erheblich steigern, indem sie Routineaufgaben automatisiert und somit Zeit für strategische und kreative Tätigkeiten freisetzt. KI-Tools wie der Microsoft Copilot können lange Dokumente und E-Mails zusammenfassen, was besonders nach längeren Abwesenheiten oder in stressigen Arbeitssituationen hilfreich ist. Diese Automatisierung spart nicht nur Zeit, sondern reduziert auch das Stressniveau der Mitarbeitenden.

KI kann aber auch als kreativer Partner fungieren, indem sie neue Ideen generiert und den kreativen Prozess unterstützt. Beispielsweise kann Microsoft Copilot in PowerPoint ansprechende Folien basierend auf den Inhalten und Zielen einer Präsentation erstellen und Rückmeldungen zur Optimierung geben. Diese Unterstützung kann dazu beitragen, kreative Blockaden zu überwinden und die Qualität der Arbeit zu verbessern.

Die Verwendung von KI zur Verbesserung der schriftlichen Kommunikation ist weit verbreitet. KI-Tools können helfen, klare und präzise E-Mails zu formulieren, Texte zu übersetzen und umzuformulieren und sogar Ton und Stil von Nachrichten zu analysieren und zu verbessern. Dies kann die Kommunikation im Team und mit Kunden erheblich verbessern und gleichzeitig Zeit und Energie sparen.

Darüber hinaus kann KI im Wissensmanagement eine wichtige Rolle spielen, indem sie Informationen schnell und effizient recherchiert und aufbereitet. KI-gestützte Systeme können FAQ-Datenbanken erstellen und pflegen, häufig gestellte Fragen automatisch beantworten und interne Wissensdatenbanken durchsuchen. Dies reduziert die kognitive Belastung der Mitarbeitenden und sorgt für eine bessere Nutzung des vorhandenen Wissens.

Eingesetzt in Meetings kann KI auch dazu beitragen, diese effizienter zu gestalten. KI-Tools können die Agenda für Meetings erstellen, während des Meetings Notizen machen und diese anschließend aufbereiten. Microsoft Copilot kann sogar Transkripte von Meetings erstellen und spezifische Fragen zu den besprochenen Themen beantworten. Dies spart Zeit und sorgt dafür, dass wichtige Informationen nicht verloren gehen.

Generative KI-Systeme können aber auch als persönliche Assistenten, Berater oder Coaches genutzt werden. Sie können bei der Vorbereitung auf Termine und Gespräche helfen, indem sie Agenden und Ablaufpläne erstellen und verschiedene Gesprächsszenarien simulieren. Dies kann für verschiedene Personengruppen im Unternehmen, wie z. B. Berufseinsteiger, Vertriebsteams und Führungskräfte, von großem Nutzen sein. Durch die Simulation von Gesprächen und die Vorbereitung auf verschiedene Szenarien kann KI dazu beitragen, die Selbstsicherheit und Effektivität der Mitarbeitenden zu erhöhen.

Insgesamt bietet der Einsatz von KI im Arbeitsalltag zahlreiche Möglichkeiten, die Produktivität zu steigern, kreative Prozesse zu unterstützen, die Kommunikation zu verbessern, das Wissensmanagement zu optimieren und Meetings effizienter zu gestalten, um dadurch Energie freizusetzen.

Durch den verantwortungsvollen und strategischen Einsatz von KI können Unternehmen nicht nur ihre Wettbewerbsfähigkeit verbessern, sondern auch das Wohlbefinden und die Zufriedenheit ihrer Mitarbeitenden steigern.

Trotz der vielen Vorteile, die KI bietet, darf die Bedeutung von menschlicher Interaktion und sozialem Kontakt, wie es im Kapitel 4 beschrieben wird, als Basis menschlicher Energie nicht vernachlässigt werden. Physische Begegnungen fördern soziale Bindungen, Vertrauen und Teamgeist, die für eine erfolgreiche Zusammenarbeit unerlässlich sind.

KI kann viele Aufgaben erleichtern und unterstützen, aber sie kann menschliche Beziehungen, physischen Kontakt und das persönliche Miteinander nicht vollständig ersetzen. Eine ausgewogene Integration von Technologie und menschlicher Interaktion ist daher der Schlüssel zu einem erfolgreichen und energiegeladenen Arbeitsumfeld.[7]

6.8 Reflexion

Reflexionsfragen für Mitarbeitende	
KI-Readiness	
Wie fit bin ich für einen sicheren Umgang mit KI?	
Welche Maßnahmen könnte ich ergreifen, um meine KI-Readiness zu verbessern?	
Einsatz von KI zur Steigerung von Produktivität und Energie	
In welchen Bereichen meiner Arbeit könnten KI-Tools dazu beitragen, meine Produktivität zu steigern oder meine Kreativität zu fördern?	
Welche meiner spezifischen Aufgaben würden am meisten von KI-Unterstützung profitieren?	

Reflexionsfragen für Führungskräfte	
Förderung der KI-Kompetenz	
Wie fit bin ich selbst im Umgang mit KI?	

---

7   Diese Kapitelzusammenfassung wurde mithilfe der generativen KI ChatGPT 4o erstellt.

Reflexionsfragen für Führungskräfte	
Wie gut ist mein Team auf den Einsatz von KI vorbereitet?	
Welche Schulungen oder Ressourcen könnte ich anbieten, um die KI-Readiness zu evaluieren und zu verbessern?	

Ethische und datenschutzrechtliche Überlegungen	
Wie stelle ich sicher, dass der Einsatz von KI in meinem Team ethisch und datenschutzkonform ist?	
Welche Maßnahmen könnte ich ergreifen, um die Transparenz und das Vertrauen in KI-Systeme zu fördern?	

Reflexionsfragen für Organisationen	

Strategische Implementierung von KI	
Wie gut ist unsere Organisation auf die Integration von KI-Technologien vorbereitet?	
Welche Schritte könnten wir unternehmen, um eine klare KI-Strategie zu entwickeln und umzusetzen?	

Schulung und Empowerment der Mitarbeitenden	
Welche Programme oder Initiativen könnten wir einführen, um unsere Mitarbeitenden im Umgang mit KI zu schulen und zu befähigen?	
Wie können wir sicherstellen, dass alle Mitarbeitenden von diesen Schulungen profi-tieren und sich sicher im Umgang mit KI fühlen?	

6.9 Power-Strategien

Power-Strategien

Für Mitarbeitende
- Neugier und Experimentierfreude fördern
  Experimentiere mit verschiedenen KI-Tools und probiere neue Anwendungen in einer sicheren Umgebung aus. Nutze freie Zeit, um dich spielerisch mit den Funktionen und Möglichkeiten von KI vertraut zu machen, um so Anwendungsfälle für deinen Arbeitsalltag zu entdecken.
- Effektive Nutzung von KI-Tools zur Produktivitätssteigerung
  Integriere KI-Tools wie ChatGPT oder Microsoft Copilot in deinen täglichen Arbeitsablauf, um Routineaufgaben zu automatisieren, komplexe Informationen schnell zu verarbeiten und effizientere Ergebnisse zu erzielen.

Für Führungskräfte
- Evaluierung der KI-Readiness
  Nutze Assessments wie den KI-Readiness-Check, um herauszufinden, wie fit dein Team im Bereich KI bereits ist, und um aus den Ergebnissen zielgerichtete Maßnahmen zur Förderung der KI-Kompetenz abzuleiten.
- Förderung der KI-Kompetenz im Team
  Organisiere regelmäßige Schulungen und Workshops, um das Wissen und die Fähigkeiten deines Teams im Umgang mit KI-Tools zu erweitern. Stelle sicher, dass alle Mitarbeitenden Zugang zu den neuesten Technologien und Ressourcen haben, und ermutige sie, KI in ihren Arbeitsalltag zu integrieren.

Für Organisationen
- Entwicklung einer klaren KI-Strategie
  Implementiert eine umfassende KI-Strategie, die auf die spezifischen Bedürfnisse und Ziele eurer Organisation zugeschnitten ist. Dies beinhaltet die Identifikation relevanter Anwendungsbereiche, die Festlegung von Prioritäten und die Sicherstellung der notwendigen Infrastruktur.
- Schulung und Empowerment der Mitarbeitenden
  Investiert in kontinuierliche Weiterbildung und Upskilling-Programme, um die KI-Readiness eurer Belegschaft zu steigern. Bietet maßgeschneiderte Schulungen wie z. B. ein KI-Fitnesscenter an, die auf unterschiedliche Kompetenzniveaus und Aufgabenbereiche abgestimmt sind. Ihr fördert dadurch eine Kultur der Neugierde und des Lernens, indem ihr Mitarbeitende empowert.

7 Human.Recharge.Management. – Entwicklung einer energiegebenden Arbeitskultur

In der Megatrendstudie New Work definiert das Zukunftsinstitut einen Megatrend für die Zukunft, auf den sich Unternehmen schon einmal einstellen sollten: Human Companionship.

In zukünftigen technosozialen Arbeitswelten, in denen Technologie und Sozialität nahtlos interagieren, ist es für Unternehmen essenziell, den Menschen im Mittelpunkt zu behalten. Human Companionship reagiert auf diese Notwendigkeit und zeigt, wie wichtig es ist, Individuen ganzheitlich zu sehen und zu unterstützen (Zukunftsinstitut, 2023).

In zukünftigen technosozialen Arbeitswelten, in denen Technologie und Sozialität nahtlos interagieren, muss der Mensch nach wie vor im Mittelpunkt stehen.

In den letzten 15 Jahren habe ich mit zahlreichen Mitarbeitenden, Führungskräften und Unternehmen aus unterschiedlichen Branchen zusammengearbeitet. Dabei ist mir aufgefallen, dass viele Unternehmen zwar gute Einzellösungen und Initiativen haben, die den Mitarbeitenden ein gesundes, nachhaltiges und engagiertes Arbeiten ermöglichen. Diese Maßnahmen werden jedoch häufig isoliert betrachtet und nicht in einen ganzheitlichen Zusammenhang gebracht.

Es gibt gute Programme zur Gesundheitsförderung und Marketing-Aktionen, die darauf abzielen, das Engagement der Mitarbeitenden zu fördern. Stellenweise werden Technologien und Programme zur Entwicklung von Mitarbeitenden und Führungskräften implementiert. Leider werden diese einzelnen Lösungen und Maßnahmen jedoch noch zu selten in einen Gesamtkontext gebracht, sodass ihre Benefits für die Belegschaft und das Unternehmen nicht ausreichend gewürdigt werden können.

Es ist jedoch entscheidend, nicht nur auf Insellösungen zu setzen, sondern das Unternehmen und die darin arbeitenden Menschen ganzheitlich zu betrachten. Dies bedeutet, sinnvolle Maßnahmen zu entwickeln, die das gesamte Unternehmen einbeziehen und die Wechselwirkungen zwischen verschiedenen Bereichen berücksichtigen. Nur so können nachhaltige und umfassende Verbesserungen erzielt werden.

Die moderne Arbeitswelt fordert von Mitarbeitenden eine konstant hohe Leistung, während gleichzeitig ihre Energie und Motivation bewahrt werden müssen. Das Konzept Human.Recharge.Management. (HRM) setzt hier an und zielt darauf ab, eine

Arbeitskultur zu schaffen, die Energie gibt, anstatt sie zu rauben. Im Folgenden wird daher zusammengefasst dargestellt, wie eine solche Kultur entwickelt werden kann, welche Maßnahmen und Methoden dabei unterstützen und wie sowohl individuelle als auch organisatorische Potenziale optimal genutzt werden können.

Human.Recharge.Management. verbindet Menschen, Technologie und Unternehmen, um eine nachhaltige und gleichzeitig produktive Arbeitskultur zu fördern. Es fokussiert sich auf die Verbesserung der körperlichen und mentalen Gesundheit, Engagement und Zufriedenheit der Belegschaft durch nachhaltige Strategien in der Zusammenarbeit von Mensch und Technologie. HRM strebt die Schaffung energiegeladener Teams an, indem es die Interaktion zwischen Mitarbeitenden und technischen Tools analysiert und optimiert.

Für Mitarbeitende ist es entscheidend, ihr individuelles Energieprofil zu kennen und zu nutzen. Jeder Mensch hat natürliche Hoch- und Tiefphasen im Tagesverlauf. Wenn diese Phasen bekannt sind und visualisiert werden, können anspruchsvolle Aufgaben gezielt in die produktivsten Zeiten gelegt werden. Es geht darum, tägliche Aufgaben und Aktivitäten zu analysieren und herauszufinden, welche von ihnen Energie geben und welche Energie rauben. Energiefördernde Aktivitäten sollten priorisiert und Energie-Killer reduziert oder durch gezielte Zeiten zum Aufladen kompensiert werden.

Auch Führungskräfte spielen eine zentrale Rolle in der Entwicklung einer energiegebenden Arbeitskultur. Regelmäßige Energy-Checks im Team können helfen, Energie-Killer und Performance-Booster zu identifizieren und entsprechende Maßnahmen zu ergreifen. Dies trägt dazu bei, die Arbeitsprozesse so zu gestalten, dass sie die Energie der Mitarbeitenden fördern. Eine positive Vorbildfunktion ist ebenfalls entscheidend. Führungskräfte sollten zeigen, wie wichtig es ist, Zeiten zum Aufladen in den Arbeitsalltag zu integrieren. Dies umfasst auch das Bewusstsein für die eigene Energie und Erholung sowie die Förderung einer Kultur, die diese Werte unterstützt.

HRM setzt auf innovative Methoden des Energiemanagements und Assessments wie den Energy-Check, um den Erfolg der Maßnahmen zu analysieren und die Ansätze entsprechend anzupassen. Nur so können kontinuierliche Verbesserungen gewährleistet werden.

Organisationen können durch gezielte Initiativen und Programme das Wohlbefinden und die Energie der Mitarbeitenden in den Mittelpunkt stellen. Hierbei kann das Konzept Human.Recharge.Management. als wertvolle Unterstützung dienen. Investitionen in Schulungsprogramme, die Mitarbeitende auf technologische Veränderungen vorbereiten und ihre Kompetenzen erweitern, helfen, Ängste abzubauen und die Energie und Motivation zu erhalten. HRM erkennt Zusammenhänge und moderiert im

Unternehmen, um einzelne Maßnahmen in eine Gesamtstrategie zu integrieren und bestehende Ansätze zu vervollständigen.

Die Grundlagen der menschlichen Energie basieren auf der Bedürfnispyramide nach Maslow und unterteilen sich in fünf Kategorien: vitaler Körper, gesunder Schlaf, wacher Kopf, proaktive Resilienz und sozialer Kontakt. Diese Grundlagen, wie ausreichende Bewegung, gesunde Ernährung, regelmäßige Erholung und sozialer Kontakt, sollten in den Arbeitsalltag integriert werden, um die Leistungsfähigkeit und das Wohlbefinden zu fördern.

Die praktische Umsetzung von HRM erfordert eine kontinuierliche Anpassung und Integration in den Arbeitsalltag. Regelmäßige Workshops und Trainings, die auf die spezifischen Bedürfnisse der Teams zugeschnitten sind, spielen hierbei eine wichtige Rolle.

Die Entwicklung einer energiegebenden Arbeitskultur durch Human.Recharge.Management. stellt eine grundlegende Strategie dar, um die Herausforderungen der modernen Arbeitswelt zu meistern. Durch die Förderung der mentalen Gesundheit, Motivation und Zufriedenheit der Mitarbeitenden wird nicht nur die individuelle Leistung gesteigert, sondern auch das gesamte Unternehmen nachhaltig und zukunftsfähig gemacht. In einer Welt, die sich ständig verändert und in die die Anforderungen stetig steigen, ist es entscheidend, Energiequellen zu maximieren und Energieverluste zu minimieren. So kann eine Arbeitsumgebung geschaffen werden, die stärkt, anstatt zu überfordern.

Schritte zur Umsetzung von Human.Recharge.Management.
1. Analyse der aktuellen Situation
   - Durchführung von Energy-Checks und Assessments, um den aktuellen Energiezustand und die Bedürfnisse der Mitarbeitenden zu ermitteln
   - Identifikation der bestehenden Einzellösungen und Initiativen im Unternehmen
2. Entwicklung einer ganzheitlichen Strategie
   - Integration der vorhandenen Maßnahmen in ein umfassendes HRM-Konzept
   - Berücksichtigung der Wechselwirkungen zwischen verschiedenen Bereichen und Abteilungen
3. Schulung und Weiterbildung
   - Implementierung von Schulungsprogrammen, um Mitarbeitende und Führungskräfte auf technologische Veränderungen vorzubereiten und ihre Kompetenzen zu erweitern
   - Förderung der proaktiven Resilienz durch spezielle Trainings und Workshops

4. Implementierung von Energiemanagement-Methoden
   - Einführung innovativer Energiemanagement-Methoden, die sowohl die Unternehmensführung verbessern als auch strategische Zeiten zum Aufladen und zur Regeneration fördern
   - Etablierung von regelmäßigen Zeiten zum Aufladen im Arbeitsalltag
5. Kontinuierliche Anpassung und Verbesserung
   - regelmäßige Durchführung von Assessments wie dem Energy-Check, um den Erfolg der Maßnahmen zu analysieren und die Ansätze entsprechend anzupassen
   - flexibles Reagieren auf die sich wandelnden Bedürfnisse des Marktes und der Belegschaft
6. Förderung einer positiven Unternehmenskultur
   - Schaffung einer Kultur, die das Wohlbefinden und die Energie der Mitarbeitenden in den Mittelpunkt stellt
   - Unterstützung durch Führungskräfte, die als positive Vorbilder agieren und die Bedeutung von Erholung und Aufladung betonen

Mit diesem Vorgehen gelingt der Schritt in eine zukunftsfähige Arbeitswelt, in der Mensch und Technologie als unschlagbares Team agieren. Aus einer gewöhnlichen Arbeitsumgebung wird ein Ort für nachhaltige Performance, der die Ressourcen der Mitarbeitenden schont, Energie freisetzt und Organisationen dabei unterstützt, ein Umfeld zu schaffen, in dem Menschen gern ihre Zeit verbringen und zu Bestleistungen inspiriert werden.

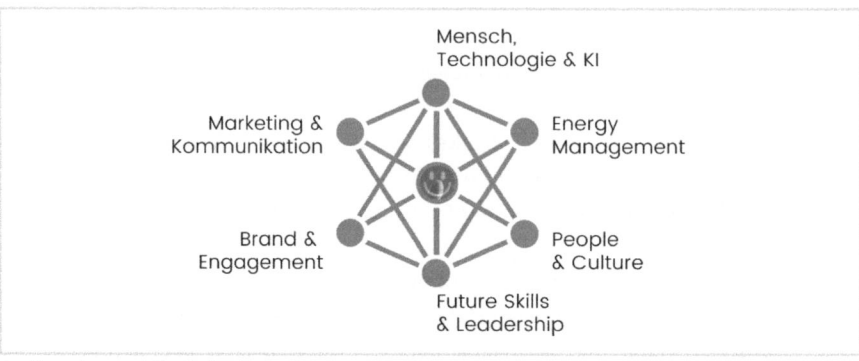

Quelle: Johannes Oberhofer / Canva

8 New Work, Modern Work oder Future Work – das Mindset ist entscheidend

Wie werden wir in Zukunft arbeiten? Dies ist zugegebenermaßen eine interessante und spannende Frage und eine konkrete Antwort darauf würde vermutlich vielen Menschen und Unternehmen Erleichterung bringen. Ich möchte daher an dieser Stelle meine eigenen Erfahrungen und Erkenntnisse aus vielen Diskussionen und Gesprächen teilen und meine Idee einer energiegebenden Arbeitswelt von morgen darlegen.

Im Frühling dieses Jahres war ich auf einer Abendveranstaltung zu Gast, bei der unterschiedlichste Expertinnen und Experten das Thema New Work diskutierten. Den Begriff »New Work« hat ursprünglich der Sozialphilosoph Frithjof Bergmann in den 1980er-Jahren entwickelt. Bergmanns Vision von New Work basiert auf der Überzeugung, dass die herkömmlichen Arbeitsstrukturen nicht mehr den Bedürfnissen und Potenzialen der Menschen gerecht werden.

Der Begriff »New Work« wurde bereits in den 1980er-Jahren von dem Sozialphilosophen Frithjof Bergmann entwickelt.

Mittlerweile wird der Begriff »New Work« von vielen Menschen und Organisationen inflationär genutzt, was zu großer Verwirrung, Missinterpretation und teilweise sogar negativen Assoziationen führt.

Wie sich bei der Diskussion herausstellte, wird dieser Begriff je nach Organisation unterschiedlich verwendet und mit unterschiedlichen Aspekten in Verbindung gebracht – angefangen bei Remote Work über den Tischkicker im stylischen Büro bis hin zu flexiblen Arbeitsmodellen. Das sind aus meiner persönlichen Sicht alles Dinge, die auch unter diesen Begriff fallen dürfen.

Dennoch kamen die Teilnehmenden der Diskussion auf einen gemeinsamen Nenner im Kontext: das Mindset, das hinter New Work steht. Es geht darum, mit welcher Einstellung wir als Menschen in Organisationen zukünftig arbeiten wollen.

Ich persönlich glaube, dass die Bezeichnung und der Begriff des neuen Arbeitens sich dabei regelmäßig ändern wird und dass es auch gar keine Rolle spielt, ob wir von »New Work«, »Modern Work« oder »Future Work« sprechen – solange sich am Mindset dahinter nichts ändert.

Solange sich am Mindset nichts ändert, spielt es keine Rolle, ob wir von »New Work«, »Modern Work« oder »Future Work« sprechen.

Was ich zugegebenermaßen sehr interessant finde, ist der von Jule Jankowski geprägte Begriff »Good Work«. In dem von ihr gehosteten und gleichnamigen Podcast spricht sie regelmäßig mit renommierten Vordenkenden über Themen, die sich um die Transformation der Arbeitswelt drehen. Nicht zuletzt deshalb hat sich der Begriff mittlerweile als Institution im deutschsprachigen Raum etabliert. Mir gefällt dieser Begriff deswegen so gut, weil er auch meiner Vorstellung von »Arbeit von morgen« sehr nahekommt – nämlich einfach clever und mit mehr Energie.

Ich glaube daran, dass wir in Zukunft nicht weniger, sondern vielmehr cleverer und im Zusammenspiel *Mensch und Technologie* mit mehr Energie arbeiten werden. Ob dabei das Modell einer Vier-, Fünf- oder womöglich Sechstagewoche in Betracht gezogen wird, wird aus meiner Sicht dabei eine eher untergeordnete Rolle spielen. Dies kann und wird, wie auch heute, branchen- und unternehmensspezifisch sein und kann meines Erachtens nicht generalisiert werden.

Gleichzeitig glaube ich daran, dass clever und mit mehr Energie zu arbeiten mit dem entsprechenden Mindset kein Privileg von Wissensarbeit ist, sondern auf diverse Branchen wie Gesundheit, Pflege oder Handwerk erweitert werden kann. Der entscheidende Punkt wird sein, dass wir im Hier und Jetzt proaktiv ins Handeln kommen.

Der Soziologe und Zukunftspsychologe Professor Thomas Druyen spricht davon, dass es nicht eine einzige Zukunft gibt, sondern wir richtigerweise von Zukünften sprechen sollten. Denn die Zukunft sieht für jeden Menschen und jede Organisation in der Vorstellung anders aus. In seinem Buch »Aus der Zukunft lernen« (2023) beschreibt er aus meiner Sicht mit dem Modell der Konkrethik sehr treffend einen Ansatz, mit dessen Hilfe diese Zukünfte durchdacht und in der Gegenwart proaktiv gestaltet werden können.

Um in Zukunft cleverer und mit mehr Energie arbeiten zu können, braucht es aus meiner Sicht den bereits zu Beginn des Buches erwähnten Dreiklang aus Individuum, Führungskraft und Organisation. Damit kann den Herausforderungen in Zukunft proaktiv begegnet und die Bedürfnisse von Mitarbeitenden können mit den Zielen der Organisation in Einklang gebracht werden.

In meiner Rolle als Industrierat Mensch und Technologie des CTO-Forums der Rudolf-Diesel-Medaille erlebe ich in diversen Diskussionen mit CTOs und Unternehmensverantwortlichen aus dem deutschen Mittelstand diesbezüglich eine sehr positive Entwicklung. Je mehr Technologie im Unternehmen stattfindet, desto mehr rückt der Mensch in den Mittelpunkt und viele Diskussionen drehen sich neben technischen Innovationen wie künstliche Intelligenz vor allem darum, wie wir die Menschen im Unternehmen befähigen und auf die ständig wiederkehrenden Transformationen vorbereiten können.

Einen wesentlichen Aspekt habe ich dabei schon erklärt: Aus meiner Sicht sollten wir viel genauer betrachten, wie voll der Akku der Menschen in den Teams und Organisationen ist, und dafür sorgen, dass dieser durch energiegebende Arbeitsstrukturen regelmäßig aufgeladen wird, mit dem Einsatz von Technologie Energie gespart oder durch Innovationen wie künstliche Intelligenz Energie freigesetzt werden kann.

9 Zusammenfassung und Schlusswort

Wie lässt sich dieses Buch am besten zusammenfassen? Darüber habe ich mir viele Gedanken gemacht und möchte es wie folgt versuchen.

Wir leben in einer Zeit exponentiell wachsender technologischer Veränderungen, die unser Leben bereichern, aber gleichzeitig für viele Menschen und Organisationen eine Herausforderung darstellen.

In meinem persönlichen Stärkenprofil führen strategisches Denken und eine positive Einstellung die Liste meiner Stärken an. Mit diesem Buch ist es mir hoffentlich gelungen, diese positive Einstellung allem Neuen gegenüber zu transportieren und dich dadurch zu motivieren, zu inspirieren und einen Impuls für eine energiegebende Arbeitswelt von morgen zu geben. Wie im Kapitel vorher bereits beschrieben, glaube ich an eine zukünftige Arbeitswelt, in der Mensch und Technologie als erfolgreiches Team nachhaltig und zukunftsfähig zusammenarbeiten.

Zweifelsohne birgt die fortschreitende Digitalisierung für Mitarbeitende, Führungskräfte und Organisationen einige Herausforderungen, die ihre Energie, Leistungsfähigkeit und Zukunftsfähigkeit beeinflussen können. Um diesen Herausforderungen positiv und proaktiv begegnen zu können, ist es zuallererst nötig, ein Bewusstsein dafür zu schaffen, wie genau sich diese auf die Energie des menschlichen Organismus auswirken und welche Folgen damit für Teams und Organisationen verbunden sind.

Angesichts der steigenden Zahlen an psychische Belastungen in unserer Gesellschaft soll dieses Buch mit Fokus auf der mentalen Gesundheit einen Beitrag dazu leisten, dass diesem wichtigen Thema sowohl im privaten als auch im beruflichen Kontext die notwendige Aufmerksamkeit geschenkt wird. Ich habe versucht, die Auswirkungen mentaler Energielosigkeit auf das allgemeine Wohlbefinden, die Leistungsfähigkeit und damit die Zukunftsfähigkeit von Mitarbeitenden und Organisationen darzustellen.

Durch das Zitieren wissenschaftlicher Studien war es meine Absicht, dem Begriff »Energie« den esoterischen Beigeschmack zu nehmen und ihn in eine Messgröße zu verwandeln, die nicht nur eine Relevanz für die eigene Gesundheit und Leistungsfähigkeit, sondern auch immensen Einfluss auf die Wirtschaftlichkeit und Zukunftsfähigkeit von Unternehmen hat.

Im zweiten Schritt habe ich gezeigt, wie Energie im Arbeitskontext – sowohl individuell als auch im Team – gemessen und analysiert werden kann. Diese Analyse stellt einen wichtigen Schritt dar, um die aktuelle Ausgangssituation und nicht genutztes Potenzial zu ermitteln.

Für Mitarbeitende kann es sehr hilfreich sein, die eigene Situation anhand der beschriebenen Methoden zu analysieren und zu reflektieren, um mithilfe kleiner Gewohnheiten das individuelle Ziel und die gewünschte Veränderung zu erreichen.

Bei Assessments wie dem Energy-Check geht es nicht darum herauszufinden, wie ungünstig eine Arbeitsumgebung für ein Team ist, sondern darum zu analysieren, an welchen Stellen Potenzial von Mitarbeitenden noch nicht genutzt wird oder unwissentlich dem Akku im Team Energie zieht. Diese konkreten Ergebnisse bilden die Basis für die Auswertung und die wiederum darauf basierende Entwicklung von Power-Strategien und maßgeschneiderten Upskilling-Programmen.

In Kapitel 4 habe ich dargestellt, wie das Aufladen im digitalen Zeitalter funktionieren kann und welche Rolle dabei die Basis menschlicher Energie spielt. Ich möchte jede und jeden dazu motivieren, diese Basis menschlicher Energie im privaten und beruflichen Alltag zu berücksichtigen. Ohne diese Basis funktionieren alle Bereiche unseres Lebens nur bedingt oder zulasten der Gesundheit.

Ich habe in der Vergangenheit mit sehr vielen erfolgreichen Menschen zusammenarbeiten dürfen, die leider eine zu lange Zeit auf diese Basis verzichtet haben und infolgedessen die gesundheitlichen Konsequenzen tragen mussten – Energielosigkeit, Antriebslosigkeit oder physische Beschwerden.

Leider ist unser menschlicher Organismus sehr gut darauf trainiert, erst dann zu handeln, wenn der Zeiger schon auf kurz nach zwölf steht. Ich möchte dich daher mit diesem Buch dazu motivieren, kleine Gewohnheiten, die die Basis menschlicher Energie fördern, in dein Leben zu integrieren und von den positiven Auswirkungen zu profitieren.

Dank der großartigen Unterstützung und Expertise von Alexander Eggers konnte ich in den Kapiteln 5 und 6 einen Ausblick darauf gegeben, wie Technologie energiesparend oder zum Freisetzen neuer Energie im Arbeitsalltag genutzt werden kann. Zusammen haben wir an Best-Practice-Beispielen gezeigt, wie eine nachhaltige und erfolgreiche Zusammenarbeit im Team *Mensch und Technologie* nicht nur funktionieren, sondern auch dazu beitragen kann, Ungewissheit und Ängsten proaktiv zu begegnen.

Das Konzept Human.Recharge.Management. bietet Organisationen die Möglichkeit, aus einer »normalen« Arbeitsumgebung einen Ort für nachhaltige und zukunftsfähige Performance zu machen, in der Mitarbeitende und Teams mit voller Power und gern arbeiten.

Ich stehe gemeinsam mit meinem Team jederzeit als Ansprechpartner, Begleiter und Coach zur Verfügung, um Human.Recharge.Management. auch in deiner Organisation zu implementieren, und freue mich auf eine Kontaktaufnahme über www.aufladenstattausbrennen.de oder eine Vernetzung auf LinkedIn.

Im Zuge der Recherchen zu diesem Buch bin ich auf viele großartige Menschen und Formate getroffen, die mich selbst unfassbar inspiriert haben und die ich an unterschiedlichen Stellen in diesem Buch bereits genannt habe.

Mit einem, für meine Arbeit sehr relevanten Impulsgeber, möchte ich mein Buch abschließen: Prof. Dr. Volker Busch. Kürzlich habe ich Folge 43 seines Gehirn-Podcasts mit dem Titel »Zuversicht, eine Kraft, die uns stark macht« angehört. In dieser Folge wird der Unterschied zwischen Hoffnung und Zuversicht beschrieben, was mich nachhaltig inspiriert hat.

Sehr vereinfacht ausgedrückt ist Hoffnung ein Gefühl, dass in der Zukunft etwas Gutes passieren könnte. Es ist eher passiv, weil man darauf wartet, dass etwas von außen kommt, um die Situation zu verbessern. Zuversicht geht einen Schritt weiter als Hoffnung. Es ist das Vertrauen darauf, dass man selbst aktiv etwas tun kann, um eine positive Veränderung herbeizuführen. Zuversicht ist daher aktiver und beinhaltet die Überzeugung, dass man mit eigenen Fähigkeiten und Anstrengungen ein Ziel erreichen kann.

Ich erlebe in vielen Situationen, dass Menschen, Teams und Organisationen darauf hoffen, dass die Zukunft besser wird – doch oft fehlt es ihnen an der nötigen Zuversicht. Diese passive Haltung kann dazu führen, dass Chancen verpasst werden und Veränderungen langsamer voranschreiten. Wenn jedoch Zuversicht vorhanden ist, werden Menschen, Teams und Organisationen proaktiver: Sie entwickeln Strategien, setzen sich Ziele und arbeiten aktiv daran, diese zu erreichen.

Ich bin daher zuversichtlich, dass es mir mit diesem Buch gelungen ist, einen Impuls für neue Denkansätze zu geben. Ich bin zuversichtlich, die Lesenden motiviert zu haben, Veränderung als Chance zu sehen. Und zuversichtlich, Ideen geliefert zu haben, die dazu beitragen, die Zukünfte proaktiv zu gestalten und die metaphorische Fernbedienung selbst in die Hand zu nehmen.

Als Team sind Mensch und Technologie unschlagbar und können zusammen eine Arbeitswelt gestalten, in der wir **aufladen statt ausbrennen**.

Danksagungen

An dieser Stelle möchte ich mich ganz besonders bei einem Menschen bedanken, ohne den das Ausleben meiner beruflichen Passion, Menschen und Organisationen dabei zu helfen, mit mehr Energie nachhaltiger zu arbeiten, seit über 20 Jahren nicht möglich wäre – meiner wunderbaren Frau Jenny.

Nicht erst seit Beginn meines unternehmerischen Berufslebens stehst du situationsabhängig hinter, vor oder neben mir, gibst mir Energie und unterstützt alle meine Vorhaben. Für mich bist du nicht nur ein wunderbarer Mensch, sondern gleichzeitig eine Inspiration. Daher bin ich überglücklich, dass es dich in meinem Leben gibt – ich liebe dich.

Danken möchte ich aber auch meinen großartigen Kindern, Clara und Vincent, die mich im Zuge dieses Buchprojektes sehr entbehrt und (größtenteils) fokussiert haben arbeiten lassen. Auch ihr gebt mir unfassbar viel Energie und so viele wunderschöne Momente – ich liebe euch.

Danke an meine erweiterte Familie, die mich immer unterstützt, wenn ich sie brauche – ihr seid großartig.

Ein großes Dankeschön geht aber auch an all die wunderbaren und inspirierenden Menschen, mit denen ich in den letzten Jahren habe zusammenarbeiten dürfen: Geschäftspartner und -partnerinnen, Teammitglieder sowie Coachees, von denen ich mittlerweile viele zu meinem Freundeskreis zählen darf. Auch wenn ihr euch dessen vielleicht nicht immer bewusst seid, aber aus den Gesprächen mit euch ziehe ich unfassbar viel Energie und neue Inspirationen für mein Handeln.

Herzlichen Dank, lieber Alex, dafür, dass ich dich für dieses Buchprojekt gewinnen konnte. Du leistest mit deiner Arbeit und Expertise einen sehr wertvollen Beitrag dazu, das Team *Mensch und Technologie* zu befähigen, und bist nebenbei ein Mensch, der mit seiner Energie andere anstecken kann.

Danke dir, liebe Mirjam, und dem Team von Haufe dafür, dass ihr das Vertrauen in mich und mein Buchprojekt gesetzt und mich so wunderbar bei der Umsetzung unterstützt habt, um auf diesem Weg mehr Menschen einen Zugang zu mehr Energie bei der Arbeit zu ermöglichen.

Danke, liebe Maria, für die großartige Zusammenarbeit im Lektorat, und danke an alle Menschen, von denen ich gar nicht weiß, dass sie auch beteiligt waren.

Ihr alle hier Genannten habt dazu beigetragen, dass mit diesem Buch mehr Mitarbeitende, Führungskräfte, Teams und Organisationen **aufladen statt ausbrennen**.

Euer Hannes

Literatur

AOK (2023): Fehlzeiten-Report: Anhaltend hohe arbeitsbezogene Beschwerden und stetig steigende Fehlzeiten aufgrund psychischer Erkrankungen. AOK-Bundesverband, Pressemitteilung, https://www.aok.de/pp/bv/pm/fehlzeiten-report-2023/#c26354 (abgerufen am 11.7.2024)

Baldoni, John (2013): Employee engagement does more than boost productivity. Harvard Business Review, https://hbr.org/2013/07/employee-engagement-does-more (abgerufen am 11.7.2024)

Bausch, D. (2024): Digitaler Stress – Schattenseiten der Digitalisierung. Freiburg/München/ Stuttgart: Haufe.

Becker, Linda et al. (2022): Physiological stress in response to multitasking and work interruptions: Study protocol. PLOS ONE, https://journals.plos.org/plosone/article?id=10.1371/journal.pone.0263785 (abgerufen am 11.7.2024)

Bertram, Chris; Sarkis, Sarah; Underwood, Stefan (o. J.): Finding Flow. The Why + How to support flow for the modern workforce. https://www.teamexos.com/finding-flow/ (abgerufen am 11.7.2024)

Bildungsinstitut für Soziales und Gesundheit (BSG) (2022): Die Rolle von sozialen Kontakten. https://bildung-sg.de/blog/die-rolle-von-sozialen-kontakten/ (abgerufen am 11.7.2024)

British Psychological Society (2016): »Curiosity is a pillar of academic performance«. https://www.bps.org.uk/psychologist/curiosity-pillar-academic-performance (abgerufen am 11.7.2024)

Bryan, Lucy; Peters, Brandon (2024): Why do we need sleep? https://www.sleepfoundation.org/how-sleep-works/why-do-we-need-sleep (abgerufen am 11.7.2024)

Bundesanstalt für Arbeitsschutz und Arbeitsmedizin (BAuA) (2021): Jahresbericht 2021. https://www.baua.de/DE/Angebote/Publikationen/Intern/Jahresbericht-2021.html (abgerufen am 11.7.2024)

Carskadon, M. A.; Dement, W. C. (2011): Normal human sleep: An overview. In: Kryger, M. H.; Roth, T.; Dement, W. C. (Hrsg.), Principles and practice of sleep medicine. St. Louis: Elsevier Saunders, S. 16–26. http://apsychoserver.psych.arizona.edu/JJBAReprints/PSYC501A/Readings/Carskadon%20Dement%202011.pdf (abgerufen am 11.7.2024)

Clear, J. (2018): Atomic Habits. New York: Penguin Random House.

Deloitte Canada (2019): Realizing the positive ROI of supporting employees' mental health. https://www2.deloitte.com/ca/en/pages/about-deloitte/articles/mental-health-roi.html (abgerufen am 11.7.2024)

Deloitte Deutschland (2024): KI-Studie 2024: Beschleunigung der KI-Transformation: Wie Unternehmen Künstliche Intelligenz nutzen. https://www2.deloitte.com/de/de/pages/trends/ki-studie.html (abgerufen am 11.7.2024)

Deloitte UK (2020): Mental health and employers. Refreshing the case for investment. https://www.deloitte.com/content/dam/assets-zone2/uk/en/docs/services/consulting/2023/deloitte-uk-mental-health-and-employers.pdf (abgerufen am 11.7.2024)

Deutsche Gesellschaft für Ernährung (DGE) (2020): DGE veröffentlicht Trinktipps in Leichter Sprache. https://www.dge.de/presse/meldungen/2020/dge-veroeffentlicht-trinktipps-in-leichter-sprache/ (abgerufen am 11.7.2024)

Deutsche Gesellschaft für Ernährung (DGE) (o. J.): Essen am Arbeitsplatz und in der Kantine. https://www.dge.de/gesunde-ernaehrung/gezielte-ernaehrung/ernaehrung-von-berufstaetigen/essen-am-arbeitsplatz-und-in-der-kantine/

Druyen, T.; Mangel, V. (2023): Aus der Zukunft lernen. Der Leitfaden für konkrete Veränderung. Berlin: MWV.

Ellahi, Abida et al. (2021): Bedtime smartphone usage and its effects on work-related behavior at workplace. Frontiers in Psychology 12, https://www.frontiersin.org/journals/psychology/articles/10.3389/fpsyg.2021.698413/full (abgerufen am 11.7.2024)

Exos (2023): Readiness Blueprint. https://www.teamexos.com/readiness-culture-code/

Firstbeat (2015): Stress and Recovery Analysis Method Based on 24-hour Heart Rate Variability. Firstbeat White Paper. https://www.firstbeat.com/wp-content/uploads/2015/10/Stress-and-recovery_white-paper_20145.pdf (abgerufen am 11.7.2024)

Firstbeat (2024): Herzratenvariabilität. https://www.firstbeat.com/de/wissenschaft/herzratenvariabilitat/ (abgerufen am 11.7.2024)

Firstbeat (2024a): Über uns. https://www.firstbeat.com/de/unternehmen/ (abgerufen am 11.7.2024)

Fogg, B. J. (2009): A behavior model for persuasive design. Proceedings of the 4th International Conference on Persuasive Technology, Nr. 40, 1–7.

Forrester (2019): The total economic impact™ of Microsoft Teams. Improved employee and company performance. https://www.microsoft.com/en-us/microsoft-365/blog/wp-content/uploads/sites/2/2019/04/Total-Economic-Impact-Microsoft-Teams.pdf (abgerufen am 11.7.2024)

Frobeen, Anne (2023): Schluss mit dem Multitasking. https://www.tk.de/techniker/magazin/life-balance/balance-im-job/weniger-stress-ohne-multitasking-2007152?tkcm=aaus (abgerufen am 11.7.2024)

Froböse, Ingo; Wallmann-Sperlich, Birgit (2023): Der DKV-Report. Wie gesund lebt Deutschland? https://www.dkv.com/downloads/DKV-Report-2023.pdf (abgerufen am 11.7.2024)

Future Forum (2022): Executives feel the strain of leading in the ‹new normal›. https://futureforum.com/research/pulse-report-fall-2022-executives-feel-strain-leading-in-new-normal/ (abgerufen am 11.7.2024)

Gallup (2022): New Gallup wellbeing and workplace study finds employee recognition can help mitigate $322 billion cost of global turnover and lost productivity. https://markets.businessinsider.com/news/stocks/new-gallup-wellbeing-and-workplace-study-finds-employee-recognition-can-help-mitigate-322-billion-cost-of-global-turnover-and-lost-productivity-1031786474 (abgerufen am 11.7.2024)

Gallup (2023): State of the Global Workplace: 2023 Report. The voice of the world's employees. https://advisor.visualcapitalist.com/wp-content/uploads/2023/06/state-of-the-global-workplace-2023-download.pdf (abgerufen am 11.7.2024)

Graumann, L.; Walter, U. N.; Krapf, F.; Beck, D. (2020): Regeneration: Jeden Tag erholt, ausgeschlafen und erfolgreich. München: Riva.

Great Place to Work (2022): The global authority on workplace culture. https://www.greatplacetowork.com/ (abgerufen am 11.7.2024)

Grimani, Aikaterini; Aboagye, Emmanuel; Kwak, Lydia (2019): The effectiveness of workplace nutrition and physical activity interventions in improving productivity, work performance and workability: a systematic review. BMC Public Health 19, https://bmcpublichealth.biomedcentral.com/articles/10.1186/s12889-019-8033-1 (abgerufen am 11.7.2024)

Harvard Health Publishing (2024): Understanding the stress response. Chronic activation of this survival mechanism impairs health. https://www.health.harvard.edu/staying-healthy/understanding-the-stress-response (abgerufen am 11.7.2024)

Hastwell, Claire (2024): Job seekers are 15x more likely to choose certified great workplaces. Great Place to Work, Insigts, https://www.greatplacetowork.com/resources/blog/why-job-seekers-prefer-certified-workplaces (abgerufen am 11.7.2024)

Hazan, Eric et al. (2024): A new future of work: The race to deploy AI and raise skills in Europe and beyond. https://www.mckinsey.com/de/~/media/mckinsey/locations/europe%20and%20middle%20east/deutschland/news/presse/2024/2024%20-%2005%20-%2023%20mgi%20genai%20future%20of%20work/mgi%20report_a-new-future-of-work-the-race-to-deploy-ai.pdf (abgerufen am 11.7.2024)

Heitmann, M.; Michels, P. (2022): Hybride Meetings. Freiburg: Haufe-Lexware.

Helliwell, John F. et al. (2023): World Happiness Report 2023. https://happiness-report.s3.amazonaws.com/2023/WHR+23.pdf (abgerufen am 11.7.2024)

Henrich, Laura (2023): Psychische Erkrankungen kosten die Wirtschaft bis zu 42 Milliarden Euro im Jahr. Focus online, https://www.focus.de/experts/burnout-und-depression-am-arbeitsplatz-psychische-beschwerden-ernst-nehmen_id_225975958.html (abgerufen am 11.7.2024)

Holt-Lunstad, Julianne; Smith, Timothy B.; Layton, J. Bradley (2010): Social relationships and mortality risk: a meta-analytic review. PLOS MEDIZINE, https://journals.plos.org/plosmedicine/article?id=10.1371/journal.pmed.1000316&mod=article_inline (abgerufen am 11.7.2024)

Hunter, Emily M.; Wu, Cindy (2016): Give me a better break: choosing workday break activities to maximize resource recovery. https://kellercenter.hankamer.baylor.edu/news/story/2016/give-me-better-break-choosing-workday-break-activities-maximize-resource-recovery (abgerufen am 11.7.2024)

Hydrus (2020): Hydration & workplace productivity: proper hydration is essential to your workplace wellness strategy. https://hydrusedge.com/2020/08/19/hydration-workplace-productivity-proper-hydration-is-essential-to-your-workplace-wellness-strategy/ (abgerufen am 11.7.2024)

Institut für Betriebliche Gesundheitsberatung (IFBG) (2023): #whatsnext – Gesund arbeiten in der hybriden Arbeitswelt. https://www.tk.de/resource/blob/2145756/3005523ae7a54 b38cbdd7445021cdb11/studie--whatsnext-2023-data.pdf (abgerufen am 11.7.2024)

Kearney (2024): Leadership in the age of AI. https://www.kearney.com/service/digital-analytics/article/leadership-in-the-age-of-ai (abgerufen am 11.7.2024)

Kearney (o. J.): 80 Prozent sehen ihre Unternehmen nicht auf das KI-Zeitalter vorbereitet. https://www.de.kearney.com/pressecenter/ai-in-leadership (abgerufen am 11.7.2024)

Kekäläinen, Tiia et al. (2023): Physical activity and cognitive function: moment-to-moment and day-to-day associations. International Journal of Behavioral Nutrition and Physical Activity 20, https://ijbnpa.biomedcentral.com/articles/10.1186/s12966-023-01536-9 (abgerufen am 11.7.2024)

Koutstaal, W.; Kedrick, K.; Brito, J. G. (2022): Capturing, clarifying, and consolidating the curiosity-creativity connection. Nature Portfolio, Scientific Reports, https://www.nature.com/articles/s41598-022-19694-4.pdf (abgerufen am 11.7.2024)

KPMG (2023): KPMG global tech report 2023. https://assets.kpmg.com/content/dam/kpmg/xx/pdf/2023/09/kpmg-global-tech-report.pdf (abgerufen am 11.7.2024)

Lazarus, R. S.; Folkman, S. (1984): Stress, Appraisal, and Coping. New York: Springer Publishing Company.

Lienhard, F.; Schmid-Fetzer, U. (2020): Neuronale Heilung. München: Kösel.

Marconcin, Priscila et al. (2022): The association between physical activity and mental health during the first year of the COVID-19 pandemic: a systematic review. BMC Public Health 22, https://bmcpublichealth.biomedcentral.com/articles/10.1186/s12889-022-12590-6 (abgerufen am 11.7.2024)

Mark, G.; Voida, S.; Cardello, A. (2012): »A pace not dictated by electrons«: An empirical study of work without email. Proceedings of the SIGCHI Conference on Human Factors in Computing Systems, May 2012, 555–564.

Mark, Gloria; Gudith, Daniela; Klocke, Ulrich (2008): The cost of interrupted work: more speed and stress. Proceedings of the SIGCHI Conference on Human Factors in Computing Systems, April 2008, 107–110, https://dl.acm.org/doi/10.1145/1357054.1357072 (abgerufen am 11.7.2024)

McKinsey & Company (2018): Unlocking Success in Digital Transformations. https://www.mckinsey.com/business-functions/mckinsey-digital/our-insights/unlocking-success-in-digital-transformations (abgerufen am 11.7.2024)

McKinsey & Company (2023): Vom Schock zur Chance: Zehn Trends für die Organisationen von morgen. https://www.mckinsey.com/de/news/presse/2023-04-28-state-of-organizations (abgerufen am 11.7.2024)

McKinsey & Company (2023a): Studie: Generative KI kann zum Produktivitätsbooster werden. https://www.mckinsey.com/de/news/presse/genai-ist-ein-hilfsmittel-um-die-produktivitaet-zu-steigern-und-das-globale-wirtschaftswachstum-anzukurbeln (abgerufen am 11.7.2024)

McKinsey & Company (2024): Studie des MGI: Schnelle Anpassungen des Arbeitsmarktes nötig: Bis zu 3 Millionen Berufswechsel in Deutschland bis 2030 erwartet. https://www.mckinsey.com/de/news/presse/2024-05-23-mgi-genai-future-of-work (abgerufen am 11.7.2024)

Microsoft (2021): Research proves your brain needs breaks. https://www.microsoft.com/en-us/worklab/work-trend-index/brain-research (abgerufen am 11.7.2024)

Microsoft (2023): Künstliche Intelligenz: Was es für einen verantwortungsvollen Umgang braucht. Ein Leitfaden für Medienunternehmen. https://info.microsoft.com/rs/157-GQE-382/images/DE-CNTNT-Whitepaper-SRGCM9527.pdf#:~:text=URL%3A%20https%3A%2F%2Finfo.microsoft.com%2Frs%2F157 (abgerufen am 11.7.2024)

Microsoft (2024): 2024 Work Trend Index Annual Report. AI at work is here. Now comes the hard part. https://www.microsoft.com/en-us/worklab/work-trend-index/ai-at-work-is-here-now-comes-the-hard-part (abgerufen am 11.7.2024)

Microsoft (o. J.): ChatGPT und Microsoft Copilot: Was ist der Unterschied? https://support.microsoft.com/de-de/topic/chatgpt-und-microsoft-copilot-was-ist-der-unterschied-8fdec864-72b1-46e1-afcb-8c12280d712f (abgerufen am 11.7.2024)

National Sleep Foundation (2020): How much sleep do you really need? https://www.thensf.org/how-many-hours-of-sleep-do-you-really-need/ (abgerufen am 11.7.2024)

Nehls, M. (2024): Das erschöpfte Gehirn. München: Droemer Knaur.

O'Callaghan, Frances; Muurlink, Olav; Reid, Natasha (2018): Effects of caffeine on sleep quality and daytime functioning. Risk Management and Healthcare Policy 11, 263–271. https://www.dovepress.com/effects-of-caffeine-on-sleep-quality-and-daytime-functioning-peer-reviewed-fulltext-article-RMHP (abgerufen am 11.7.2024)

Oberdörffer, Claudia; Kar, Lorin; Schäfer, Jana (2023): Den Blick auf Nachhaltigkeit und alle Generationen richten. Haufe Personal Serie. https://www.haufe.de/personal/hr-management/transformation-der-arbeitswelt/den-blick-auf-nachhaltigkeit-und-alle-generationen-richten_80_609722.html (abgerufen am 11.7.2024)

Personio (2022): Großer Wertewandel: Warum Angestellte wechseln wollen – und wie HR sie halten kann. https://www.personio.de/blog/hr-studie-talente/ (abgerufen am 11.7.2024)

Posner, Jonathan; Russell, James A.; Peterson, Bradley S. (2005): The circumplex model of affect: An integrative approach to affective neuroscience, cognitive development, and psychopathology. Development and Psychopathology 17(3), 715–734, https://www.ncbi.nlm.nih.gov/pmc/articles/PMC2367156/ (abgerufen am 11.7.2024)

Poulain, Michel et al. (2021): Specific features of the oldest old from the Longevity Blue Zones in Ikaria and Sardinia. Mechanisms of Ageing and Development 198 https://www.sciencedirect.com/science/article/abs/pii/S0047637421001159?via%3Dihub (abgerufen am 11.7.2024)

Rafner, Janet et al. (2023): Creativity in the Age of Generative AI. Nature Human Behaviour 7, 1836–1838, https://www.nature.com/articles/s41562-023-01751-1 (abgerufen am 11.7.2024)

Riebl, Shaun K.; Davy, Brenda M. (2013): The hydration equation: update on water balance and cognitive performance. Health and Fitness Journal 17(6), 21–28, https://www.ncbi. nlm.nih.gov/pmc/articles/PMC4207053/ (abgerufen am 11.7.2024)

Robert Koch-Institut (RKI) (2023): Themenschwerpunkt: Körperliche Aktivität. https://www. rki.de/DE/Content/Gesundheitsmonitoring/Themen/Koerperl_Aktivitaet/koerperl_ aktiv_node.html (abgerufen am 11.7.2024)

Rožman, Maja; Oreški, Dijana; Tominc, Polona (2023): Artificial-intelligence-supported reduction of employees' workload to increase the company's performance in today's VUCA environment. Sustainability 15(6), https://www.mdpi.com/2071-1050/15/6/5019

Rudolf Diesel CTO-Forum (o. J.): Das CTO-Forum der Rudolf-Diesel-Medaille. https://forum-dieselmedaille.de/ (abgerufen am 11.7.2024)

Rump, Jutta; Brandt, Marc (2020): Zoom-Fatigue 2. Phase. Institut für Beschäftigung und Employability (IBE), https://www.ibe-ludwigshafen.de/fileadmin/ibe/Medien/ Publikationen/IBE-Studie-Zoom-Fatigue-2-Phase.pdf (abgerufen am 11.7.2024)

Sabaoui, Ikram; Lotfi, Said; Talbi, Mohammed (2023): Chronobiology in medicine: circadian fluctuations of cognitive and psychomotor performance in medical students: The role of daytime and chronotype patterns. Chronobiology in Medicine 5(3), 127–137, https://www.chronobiologyinmedicine.org/journal/view.php?doi=10.33069/ cim.2023.0018 (abgerufen am 11.7.2024)

Sanbonmatsu, David M.; Strayer, David L.; Medeiros-Ward, Nathan; Watson, Jason M. (2013): Who multi-tasks and why? Multi-tasking ability, perceived multi-tasking ability, impulsivity, and sensation seeking. PLOS ONE, https://journals.plos.org/plosone/ article?id=10.1371/journal.pone.0054402 (abgerufen am 11.7.2024)

Seiwert, L.; Sperling, U. (2020): Die Intervall-Woche: Arbeitest du noch oder lebst du schon? München: Knaur.

Shiri, Rahman; Nikunlaakso, Risto; Laitinen, Jaana (2023): Effectiveness of workplace interventions to improve health and well-being of health and social service workers: a narrative review of randomised controlled trials. Healthcare 11(12). https://www.mdpi. com/2227-9032/11/12/1792 (abgerufen am 11.7.2024)

Starker, V.; Roos, K.; Bracht, E. M.; Graudenz, D. (2022): Kosten von Arbeitsunterbrechungen für deutsche Unternehmen. Auswirkungen von Fragmentierung auf Produktivität und Stressentwicklung. https://nextworkinnovation.com/wp-content/uploads/2023/12/ NWI_Tagebuchstudie-Arbeitsunterbrechungen-und-Produktivitaet_131223.pdf (abgerufen am 11.7.2024)

Statista (2023): Infografik: 43 % der Deutschen haben Schlafprobleme. https://de.statista. com/infografik/29586/befragte-die-unter-schlafstoerungen-leiden/ (abgerufen am 11.7.2024)

Stryker, Cole; Scapicchio, Mark (2024): Was ist generative KI? https://www.ibm.com/de-de/ topics/generative-ai (abgerufen am 11.7.2024)

Sutton, Jeremy (2023): How to build your workplace wellness program. https:// positivepsychology.com/workplace-wellness/ (abgerufen am 11.7.2024)

Sweller, John (1988): Cognitive load during problem solving: effects on learning. Cognitive Science 12(2), 257–285, https://onlinelibrary.wiley.com/doi/epdf/10.1207/s15516709cog1202_4 (abgerufen am 11.7.2024)

Tagesschau (2023): Krankheitstage auf Höchststand. https://www.tagesschau.de/wirtschaft/verbraucher/fehlzeiten-beschaeftigte-aok-100.html (abgerufen am 11.7.2024)

Tarafdar, M.; Tu, Q.; Ragu-Nathan, B. S.; Ragu-Nathan, T. S. (2007): The impact of technostress on role stress and productivity. Journal of Management Information Systems, 24(1), 301–328.

Techniker Krankenkasse (2021): Entspann dich, Deutschland! TK-Stressstudie 2021. https://www.tk.de/resource/blob/2116464/d16a9c0de0dc83509e9cf12a503609c0/2021-stressstudie-data.pdf

Techniker Krankenkasse (2022): Beweg dich, Deutschland! https://www.tk.de/resource/blob/2033598/9f2d920e270b7034df3239cbf1c2a1eb/beweg-dich-deutschland-data.pdf (abgerufen am 11.7.2024)

Top Job (2022): Trendstudie 2022. Homeoffice richtig gestalten. https://www.topjob.de/wissenswertes/detail/trendstudie-homeoffice-richtig-gestalten/ (abgerufen am 11.7.2024)

Turkle, Sherry (2015): Reclaiming Conversation. The power of talk in a digital age. New York: Penguin Press.

UC Davis Health (2022): Blue light: Effects on your eyes, sleep, and health. https://health.ucdavis.edu/blog/cultivating-health/blue-light-effects-on-your-eyes-sleep-and-health/2022/08 (abgerufen am 11.7.2024)

van der Voordt, Theo; Jensen, Per Anker (2021): The impact of healthy workplaces on employee satisfaction, productivity and costs. Journal of Corporate Real Estate 25(1), 29–49, https://www.emerald.com/insight/content/doi/10.1108/JCRE-03-2021-0012/full/pdf?title=the-impact-of-healthy-workplaces-on-employee-satisfaction-productivity-and-costs (abgerufen am 11.7.2024)

Verstegen, M.; Williams, P. (2015): Jeder Tag zählt. 2. Aufl., München: Riva.

Walther, L. (2024): Besser sehen in 21 Tagen. München: Riva.

WHO (2016): Investing in treatment for depression and anxiety leads to fourfold return. https://www.who.int/news/item/13-04-2016-investing-in-treatment-for-depression-and-anxiety-leads-to-fourfold-return (abgerufen am 11.7.2024)

WHO (2023): Stress. https://www.who.int/news-room/questions-and-answers/item/stress (abgerufen am 11.7.2024)

Wikipedia (2024): Maslowsche Bedürfnishierarchie. https://de.wikipedia.org/wiki/Maslowsche_Bed%C3%BCrfnishierarchie#1._Physische_Bed%C3%BCrfnisse (abgerufen am 11.7.2024)

Wikipedia (2024a): Resilienz (Psychologie). https://de.wikipedia.org/wiki/Resilienz_(Psychologie)

Wikipedia (2024b): Multitasking (Psychologie). https://de.wikipedia.org/wiki/Multitasking_(Psychologie) (abgerufen am 11.7.2024)

Wikipedia (2024c): Halluzination (Künstliche Intelligenz). https://de.wikipedia.org/wiki/ Halluzination_(K%C3%BCnstliche_Intelligenz) (abgerufen am 11.7.2024)

Wittmann, M.; Dinich, J.; Merrow, M.; Roenneberg, T. (2006): Social jetlag: Misalignment of biological and social time. Chronobiology International 23 (1–2), 497–509.

Wong, May (2014): Walking helps get the creative juices flowing, new study finds. https:// ed.stanford.edu/news/study-finds-walking-boosts-creativity (abgerufen am 11.7.2024)

Zafar, Hamayun et al. (2018): Effect of different head-neck postures on the respiratory function in healthy males. BioMed Research International. https://onlinelibrary.wiley.com/ doi/10.1155/2018/4518269 (abgerufen am 11.7.2024)

Zhou, Eric; Lee, Dokyun (2024): Generative artificial intelligence, human creativity, and art. PNAS Nexus 3(3), https://academic.oup.com/pnasnexus/article/3/3/pgae052/7618478 (abgerufen am 11.7.2024)

Zukunftsinstitut (2023): Megatrendstudie: 13 Trends für die Zukunft der Arbeit. Frankfurt/M.

Weiterführende Links und Buchempfehlungen

**Aufladen statt ausbrennen –
Johannes Oberhofer**

www.aufladenstattausbrennen.de

**LinkedIn –
Johannes Oberhofer**

www.linkedin.com/in/
johannes-oberhofer

**Decode YOUR
transformation**

www.decode-
forward.com

**E-Learning »Einfach mehr
Energie bei der Arbeit –
mit Microsoft Teams und Viva«**

**Xbrick Shop –
Rabatt-Code: power5**

**Podcast Gehirn
gehört – Prof. Dr.
Volker Busch**

**Podcast GOOD WORK –
Der Podcast für
zukunftsfähige Arbeitskultur**

**The Future Assistant –
Diana Brandl**

**Podcast Leading
Well – Benjamin Rollf**

Buchempfehlungen

- Andre Kiehne: Digital Leadership Culture. Freiburg/München/Stuttgart: Haufe, 2024
- Volker Busch: Kopf Hoch. München: Droemer HC, 2024)
- David Bausch: Digitaler Stress. Freiburg/München/Stuttgart: Haufe, 2024
- Thomas Druyen und Valeska Mangel: Aus der Zukunft lernen. Der Leitfaden für konkrete Veränderung. Berlin: MWV, 2023
- Karin Lausch: Trust me. Freiburg/München/Stuttgart: Haufe, 2023
- Luise Walther: Besser sehen in 21 Tagen. München: Riva, 2024

Der Autor

 Johannes Oberhofer ist Vater zweier Kinder und Ehemann, Energiebündel und leidenschaftlicher Freizeitsportler. Er ist ein Experte im Bereich Future Work und Corporate Health, der sich auf die Integration von Mensch und Technologie in Unternehmen konzentriert.

Seine berufliche Reise begann 2006 mit einem Studium in Fitnessökonomie an der Deutschen Hochschule für Prävention und Gesundheitsmanagement. 2010 gründete er die VITAGO Gesundheitsberatung, wo er als Gründer und Mitinhaber bis 2022 tätig war. Zusammen mit seinem Team, und ab 2013 mit seinem Geschäftspartner, entwickelte Johannes ganzheitliche Konzepte aus Bewegung, Ernährung, Erholung und Mindset, um Menschen zu helfen, mit mehr Energie besser zu leben. Parallel dazu unterstützte er Unternehmen bei der betrieblichen Gesundheitsförderung und Entwicklung nachhaltiger Gesundheitsstrategien.

2023 begründete er digital.fwd (heute decode.forward) mit – eine spezialisierte Beratung, die sich auf die digitale Transformation und deren Auswirkungen auf Mitarbeitende und Unternehmen konzentriert. Johannes' Arbeit verbindet modernes Arbeiten, nachhaltiges Energiemanagement und das Zusammenspiel von Mensch und Technologie. Er bietet Strategien und Trainings an, um die physische und psychische Gesundheit der Mitarbeitenden zu fördern und die digitale Fitness zu verbessern. Sein Konzept »Aufladen statt ausbrennen« zielt darauf ab, Mitarbeitende zu unterstützen, um die Produktivität sowie Kreativität und Energie im Team durch die richtige Nutzung von Technologie zu steigern.

In seiner Arbeit fokussiert sich Johannes Oberhofer auf drei zentrale Elemente:

Menschliche Power:
Er betont die Bedeutung der menschlichen Energie als Grundlage für Leistungsfähigkeit und Innovation. Sein »Human.Recharge.Management.«-Ansatz fördert die physische und mentale Gesundheit der Mitarbeitenden, unterstützt eine zukunftsfähige Arbeitskultur und steigert so die Energie und das Wohlbefinden der Mitarbeitenden.

Digitale Fitness:
Johannes Oberhofer legt großen Wert auf die effektive Nutzung von Technologie im Arbeitsumfeld. Digitale Fitness umfasst die Fähigkeit der Mitarbeitenden, Technologie effizient zu nutzen, um ihre Arbeit produktiver und stressfreier zu gestalten. Dies beinhaltet Schulungen zur Nutzung von Kollaborationstools und die Implementierung

zukunftsfähiger Arbeitsmodelle, die ein gesundes Gleichgewicht zwischen Arbeit und Privatleben ermöglichen.

KI-Readiness:

Johannes Oberhofer beschäftigt sich intensiv mit der Integration von künstlicher Intelligenz (KI) in den Arbeitsalltag, um die Effizienz und Produktivität Mitarbeitender zu erhöhen. KI-Readiness bezieht sich auf die Vorbereitung und Schulung der Mitarbeitenden, KI-Technologien effektiv zu nutzen, um Routineaufgaben zu automatisieren und kreative Prozesse zu unterstützen. Oberhofer sieht KI als Werkzeug, das die menschliche Leistung ergänzt, ohne die Bedeutung der menschlichen Interaktion und Kreativität zu vernachlässigen.

Durch diese drei Elemente strebt Johannes Oberhofer an, eine nachhaltige und zukunftsfähige Arbeitskultur zu schaffen, die sowohl die individuellen Bedürfnisse der Mitarbeitenden als auch die Anforderungen der modernen Arbeitswelt berücksichtigt.

Mit über 15 Jahren Erfahrung möchte Johannes mit seinem Buch »Aufladen statt ausbrennen« Mitarbeitenden und Führungskräften helfen, ihre Energie zu steigern und eine nachhaltige Arbeitskultur zu entwickeln.

Mehr Informationen zu seiner Vision findest du unter: www.aufladenstattausbrennen.de

Stichwortverzeichnis